U0191951

35kV及以上输变电工程
设计质量通病防治手册

国网山东省电力公司经济技术研究院　组编

中国电力出版社
CHINA ELECTRIC POWER PRESS

内 容 提 要

为规范开展质量通病防治工作，落实质量通病防治技术措施，提高质量通病防治工作效果，进一步提高国网山东省电力公司系统输变电工程质量，特编写了《35kV及以上输变电工程设计质量通病防治手册》。

本手册针对变电站电气主接线，站区及设备布置，电气计算及设备选型，站用电，防雷接地，停电过渡方案，防火封堵，系统继电保护及安全自动装置，系统调动自动化，变电站自动化系统，元件保护及自动装置，交直流一体化电源系统，二次设备组柜与布置，土建地质、建筑、结构部分，线路导地线、电缆、绝缘配合、路径、基础、杆塔、三维设计等方面的质量通病，提出了针对性的防治措施。

本手册可供从事35kV及以上电压等级输变电工程项目的建设单位、设计单位参考使用。

图书在版编目（CIP）数据

35kV及以上输变电工程设计质量通病防治手册 / 国网山东省电力公司经济技术研究院组编. —北京：中国电力出版社，2021.10（2023.2重印）
ISBN 978-7-5198-6033-2

Ⅰ. ①3… Ⅱ. ①国… Ⅲ. ①输电–电力工程–工程质量–手册②变电所–电力工程–工程质量–手册 Ⅳ. ①TM7-62②TM63-62

中国版本图书馆CIP数据核字（2021）第192332号

出版发行：中国电力出版社
地　　址：北京市东城区北京站西街19号（邮政编码100005）
网　　址：http://www.cepp.sgcc.com.cn
责任编辑：罗　艳（yan-luo@sgcc.com.cn，010-63412315）
责任校对：黄　蓓　马　宁
装帧设计：张俊霞
责任印制：石　雷

印　　刷：三河市航远印刷有限公司
版　　次：2021年10月第一版
印　　次：2023年2月北京第二次印刷
开　　本：880毫米×1230毫米　32开本
印　　张：3.875
字　　数：77千字
印　　数：1001—1500册
定　　价：36.00元

编 委 会

主　任　孙敬国

副主任　李其莹　鉴庆之

委　员　张友泉　吴　健　马诗文　张学凯　韩延峰

　　　　　管　羨　赵　勇

编 写 工 作 组

组　长　薛炳磊

副组长　宋卓彦　王志鹏　卢福木

成　员（排名不分先后）

　　　　　金　瑶　于文星　谢　飞　苗领厚　谭晓哲

　　　　　赵　杰　邱轩宇　高　杉　李　志

　　为规范开展质量通病防治工作，落实质量通病防治技术措施，提高质量通病防治工作效果，进一步提高国网山东省电力公司系统输变电工程质量，特编写了《35kV 及以上输变电工程设计质量通病防治手册》。

　　本手册是结合国网山东电力系统大部分地区输变电工程设计质量状况，参照《35kV～220kV 输变电工程初步设计与施工图设计阶段勘测报告内容深度规定》《国家电网有限公司输变电工程初步设计内容深度规定》《220kV～750kV 变电站设计技术规程》（DL/T 5218—2012）、《35kV～110kV 变电站设计规范》（GB 50059—2011）、《3～110kV 高压配电装置设计规范》（GB 50060—2008）、《高压配电装置设计技术规程》（DL/T 5352—2018）、《火力发电厂与变电站设计防火标准》（GB 50229—2019）、《110～750kV 架空输电线路设计技术规定》（Q/GDW 10179—2017）,《国网基建部关于发布 35～750kV 输变电工程设计质量控制"一单一册"（2019 年版）的通知》（基建技术［2019］20 号）、《国网基建部关于进一步加强输变电工程设计质量管理的通知（35～750kV 输变电工程设计质量常见问题清册（2020 年版）》（基建技术［2020］4 号）等文件基础上，针对变电站电气主接线，站区及设备布置，电气计算及设备选型，站用电，防雷接地，停电过渡方案，防火封堵，系统继电保护及安全自动装置，系统调动自动化，变电站自动化系统，元件保护及自动装置，交直流一体化电源系统，二次设备组柜与布置，土建地质、建筑、结构部分，线路导地线，电缆，绝缘配合，路径，基础，杆塔，三维设计等方面的质量通病，提出了针对性的防治措施。

经归纳、总结，形成设计质量通病共 173 项（其中变电站 98 项、线路 61 项、通信 13 项）。按设计专业划分，包括变电一次 39 项、系统及电气二次 32 项、变电土建 27 项、线路电气 36 项、线路结构 25 项、通信 13 项。

工程建设单位、设计单位在工程建设过程中，应执行国家、行业有关法规和工程技术标准。本手册编制目的是为电力工程设计者提供参考和借鉴，为推进电网高质量建设提供技术支持。尚有不妥之处，敬请广大读者批评指正。

编　者

2021 年 8 月

前言

1 变电一次

1.1 电气主接线

1.1.1 GIS 备用出线间隔没有出线方向

设计阶段：初步设计。

问题描述：220kV 变电站新建工程中，220kV、110kV GIS 备用出线间隔没有出线方向，仅作备用间隔，可能造成投资浪费。

解决措施：设计深度不足。与发策部门进行沟通，避免间隔位置空缺造成投资浪费。

1.1.2 母线避雷器与架空出线避雷器重复设置

设计阶段：初步设计。

问题描述：变电站采用户内 GIS 方案，110kV 架空线路设置了线路避雷器，GIS 母线也设置了避雷器，避雷器重复设置，增加工程设备投资。

解决措施：根据《交流电气装置的过电压保护和绝缘配合设计规范》（GB 50064—2014）中表 5.4.13–1，当金属氧化物避雷器至被保护设备的最大电气距离满足要求时，可不设母线避雷器。设计需严格核实避雷器保护范围。

1.1.3 一个半断路器接线，GIS 母线避雷器和电压互感器设置隔离开关

设计阶段：初步设计。

问题描述：为便于试验和检修，《国家电网有限公司十八项电

网重大反事故措施（2018 年修订版）》进规定，对于一个半断路器接线，GIS 母线避雷器和电压互感器不应装设隔离开关，宜设置可拆卸导体作为隔离装置。

解决措施： 应加强最新规程规范的学习，按照《国家电网有限公司十八项电网重大反事故措施（2018 年修订版）》要求严格执行。

1.2　站区及设备布置

1.2.1　站区方案选择理由不充分

设计阶段： 初步设计。

问题描述： 未根据周边环境及污区等级合理选择户内、户外布置。可能造成更改方案的颠覆性问题。

解决措施： 未紧扣设计控制条件。应根据环境条件合理选择布置方式。未达到条件的不得选用全户内布置。

1.2.2　独立避雷针布置位置应合理

设计阶段： 初步设计。

问题描述： 独立避雷针距离道路、电缆沟距离小于 3m，不满足设计规程要求。

解决措施： 独立避雷针的设置尽量距离道路大于 3m。在独立避雷针距离道路无法大于 3m 的情况下，根据 GB/T 50064—2014 规定，独立避雷针及其集中接地装置距离道路小于 3m 时应采取均压措施，或铺设砾石或沥青地面。

1.2.3　隔离开关电气距离校验未考虑打开状态

设计阶段： 初步设计。

问题描述： 主变压器中性点隔离开关打开时的方向，与防火墙的安全距离不满足要求；未考虑设备各种工况下运行需求，如隔离开关分位时对架构爬梯的安全距离。危害设备及人身安全。

解决措施： GW13 或 GW4 等向外打开的隔离开关设计时需校核打开状态电气安全距离。

1.2.4　GIS 母线较长，未设置巡检平台

设计阶段： 施工图设计。

问题描述： 对于出线回路数较多、通体较长的 GIS 母线，未设置巡检平台，运行检修极为不便，需要绕道进行检修。

解决措施： GIS 母线较长，若 GIS 设备上未设置巡检平台，运行检修极为不便，需要绕道进行检修。建议在设备招标文件中明确，并在设计联络会中落实。

1.2.5　GIS 母线或硬导体跨建筑伸缩缝处未设置伸缩节

设计阶段： 施工图设计。

问题描述： GIS 母线或硬导体跨建筑伸缩缝处未设置伸缩节，容易导致设备运行故障，户内站、半户内站应考虑伸缩缝与 GIS 配合问题。

解决措施： GIS 布置设计需尽可能避开建筑伸缩缝。施工图设计需采用符合实际的建筑平、剖面图，并在 GIS 母线或硬导体

母线跨建筑伸缩缝处设置伸缩节。

1.2.6　10kV 和 35kV 开关柜跨建筑伸缩缝布置

设计阶段：施工图设计。

问题描述：10kV 和 35kV 开关柜跨建筑伸缩缝布置，易导致设备运行故障。

解决措施：加强土建、电气一次专业配合，10kV 和 35kV 开关柜应尽可能避开建筑伸缩缝布置，电气施工图设计应采用工程实际的建筑平、剖面图。

1.2.7　主变压器低压侧套管引线设计不合理

设计阶段：施工图设计。

问题描述：主变压器低压侧套管引出线采用软导线架空连接时跨线档距较大，导致主变压器套管受力过大；或采用硬导体连接时由于套管距离油坑外支架较远，导致主变压器套管受力过大。严重时导致主变压器主变压器低压侧套管端子板及封端盖变形导致绝缘油渗漏。

解决措施：

（1）主变压器低压侧导体设计需根据接线型式、设备型式、回路实际工作电流情况、站址环境条件等因素计算确定；

（2）主变压器主变压器低压侧引线设计需严格校验主变压器套管受力，套管距离油坑外支架较远时需考虑增加瓷瓶支撑，或者选用硬导体并配软导电带伸缩节连接主变压器套管。

1.2.8　主变压器压器散热片上架设母线支柱绝缘子

设计阶段： 施工图设计

问题描述： 主变压器低压侧母线的支柱绝缘子架设在主变压器散热片上。

解决措施： 变压器散热片在运行中存在位移，母线借助变压器散热片作为支撑，易引起变压器散热片漏油。应另设母线支架跨越变压器散热片。

1.2.9　室内母线桥吊架预埋件现场焊接

设计阶段： 施工图设计。

问题描述： 目前变电站新建工程均为钢结构。母线桥安装时现场焊接吊架固定件，易造成钢梁等受力部件性能受损，存在安全隐患且不美观。

解决措施： 内容设计深度不足。应在开关柜厂家资料确认阶段，确定母线桥吊架位置和受力情况。在电气母线桥安装图中明确标注并向土建专业提资，做到在工厂加工钢梁阶段完成母线桥吊架预埋件焊接。

1.2.10　主变压器释压排油口朝向不合理

设计阶段： 施工图设计。

问题描述： 主变压器释压排油口未正对油坑，导致排油时油喷到设备或设备基础，危害人身和设备安全。

解决措施： 为保证人身和设备安全，排油口处设置排油管或

排油罩，保证变压器油排至油坑。

1.2.11 屏柜开门被阻挡

设计阶段： 施工图设计。

问题描述： 设计阶段未考虑屏柜开门的范围，范围内布置设备或基础，导致屏柜门打不开或者不能完全打开。

解决措施： 在平面布置图和断面图中增加前后柜门打开轮廓路径，核验是否有物体遮挡。

1.2.12 二层雨棚与出线套管安全距离不足

设计阶段： 施工图设计。

问题描述： 设计阶段未充分考虑雨棚尺寸大小，在 GIS 出线套管带电部分安全距离范围内布置雨棚，电气安全距离不足。

解决措施： 在平面布置图和断面图中增加正确尺寸的雨棚，核验电气安全距离是否满足。

1.2.13 开关柜内母线、电缆端子等使用单螺栓连接

设计阶段： 施工图设计。

问题描述： 高压电缆接线端子和开关柜个别部位如小电流手车的动、静触头固定螺栓为单螺栓，运行中易造成松动发热。

解决措施：《国家电网有限公司十八项电网重大反事故措施（2018 年修订版）》12.4.2.3 中，柜内母线、电缆端子等不应使用单螺栓连接。在设计联络会应向厂家提出明确要求，柜内母线、电缆端子等不应使用单螺栓连接，保证螺栓可靠紧固，力矩符合

要求。

1.3　电气计算及设备选型

1.3.1　同塔并架平行长线路缺少电磁感应、静电感应电流电压计算

设计阶段： 初步设计。

问题描述： 220～750kV 同塔并架平行长线路未进行电磁感应、静电感应电流电压计算，仅凭经验对线路侧接地开关 B 类选择，经补充计算，电磁感应电流超过 B 类接地开关的开合感应能力，调整为超 B 类。设备选择型号不匹配，可能危害设备及人身安全。

解决措施： 变电专业与线路专业间协调完成相关提资，进行电磁感应、静电感应电流电压计算，依据《高压交流隔离开关和接地开关》（DL/T 486—2010）附录 C，选择符合要求的接地开关。设计文件中需提交计算结果，根据计算结果确定合理的选型方案。

1.3.2　未进行直流偏磁影响计算论证

设计阶段： 初步设计。

问题描述： 变电站距离直流换流站接地极站址小于 30km，周围变电站已严重受到直流的影响，方案未采取隔离直流措施。

解决措施： 可研及初设阶段设计单位需开展与站址相关的系统规划方面的调研和收资，并与当地运行部门进行沟通。可研及初设阶段需有专门的章节论述直流偏磁影响，若需要隔直处理，

需提出采用电容型或电阻型电流隔离方案。

1.3.3 短路电流计算及设备选择结果不完整

设计阶段：初步设计。

问题描述：短路电流计算及设备选择中未说明计算依据和条件（包括水平年、接线、运行方式及系统容量等），未体现主变压器不同并列运行情况下的短路电流计算结果，未体现主要电气设备选择结果。

解决措施：未按照《国家电网公司输变电工程初步设计内容深度规定》（Q/GDW 10166.8—2017）要求开展设计工作。短路电流计算及主要设备选择部分计算成果应包括短路电流计算阻抗图、短路电流计算结果表、主要电气设备选择结果表。

1.3.4 500kV 变电站 220kV 侧单相接地短路电流超限值未采取相应措施

设计阶段：初步设计。

问题描述：220kV 侧单相接地短路电流超限值未采取相应措施。

解决措施：根据《500kV 变压器中性点接地电抗器选用导则》（DL/T 1389—2014）规定，220kV 侧单相接地短路电流超限值时，可用中性点接地电抗器进行限制。

1.3.5 间隔扩建、线路改接或升容改造工程缺少相关在运设备校核计算

设计阶段：初步设计。

问题描述：针对间隔扩建、线路改接或升容改造工程，设备

导体选型仅对本期扩建的相应间隔行短路电流、载流量计算，未根据系统提资对在运母线的穿越功率、母联间隔、分段间隔等设备及导线进行短路电流、载流量校核。

解决措施：设计单位应充分掌握初步设计内容深度规定，准确收资一期工程设备参数，严格校验在运相关设备是否满足扩建、改接或升容改造的需求，根据实际情况明确是否涉及设备、导体的改造及更换。

1.3.6　主变压器并列条件未比较

设计阶段：初步设计。

问题描述：主变压器扩建工程未对本期主变压器与前期主变压器并列运行条件进行详细说明。

解决措施：主变压器扩建工程应详细说明前期主变压器容量比、电压比、阻抗等参数，并与本期主变压器并列运行条件进行分析。

1.3.7　变电站户外照明采用金属卤素灯

设计阶段：初步设计。

问题描述：金属卤素灯在断电后恢复照明有时间延迟（一般5～15min），在夜间异常处置时会影响现场抢修效率。

解决措施：根据省公司设备部意见,选用即开即亮的 LED 灯具。

1.3.8　电容器出线断路器选型不满足要求

设计阶段：初步设计。

问题描述： 10kV 电容器容量 8Mvar，选用真空断路器。设备不满足现场实际需求。

解决措施： 根据《国网基建部关于进一步明确变电站通用设计开关柜选型技术原则的通知》（基建技术〔2014〕48 号）对于电容器组电流大于 400A 的电容器回路时，建议配置 SF_6 断路器。

1.3.9 处于 8 度地震区的变电站未按技术标准要求合理配置设备抗震措施

设计阶段： 初步设计。

问题描述： 处于 8 度地震区的变电站抗震方案不合理，抗震措施遗漏或冗余配置，主要体现在：500kV 变电站主变压器未考虑配置隔震垫，不符合规程规范要求；220kV 常规变电站主变压器配置隔震垫，造成配置冗余，投资浪费。

解决措施： 根据《电力设施抗震设计规范》（GB 50260—2013）规定"电力设施根据抗震的重要性分为重要电力设施和一般电力设施"，500kV 变电站及 220kV 枢纽站均为重要电力设施，重要电力设施中的电气设备可按抗震设防烈度提高 1 度设防。500kV 变电站作为重要电力设施抗震设防烈度提高 1 度设防，经相关计算和调研，主变压器需配置隔震垫；220kV 常规变电站不承担汇集多个大电源和大容量联络线的功能，按一般电力设施考虑无须提高 1 度设防，国内变压器主流设备抗震性能均能满足 8 度要求，无须配置隔震垫。应明确重要电力设施和一般电力设施的划分标准，熟练掌握规程对重要电力设施和一般电力设施的抗震配置要求，防止抗震措施配置过高或过低，造成技术方案不合理或不必要的投资浪费。

1.4　站用电

1.4.1　站外电源设计深度不足，方案缺乏依据，造成可靠性偏低或投资调整

设计阶段： 初步设计。

问题描述： 站外电源方案简单笼统可靠性论证不充分，体现在缺乏对侧电源站的收资、对侧电源站系统定位不清晰、沿线多回线路 T 接等现象；线路敷设方式、敷设路径不明确，凭经验估算长度造成站外电源单笔费用偏高或偏低。

解决措施： 站外电源敷设方式、路径应进行实地踏勘从而确定合理的敷设方式、路径，避免因沿线踏勘收资不到位造成路径不明确进而影响投资。站外电源方案一般由变电站所在地的属地公司设计单位提供，方案设计应高度重视站外电源的可靠性论证和精准性投资；变电站本体工程设计单位应严格校验设计方案，避免校审不到位造成方案不合理；评审单位应严格把关站外电源设计深度，必要时要求提供专题论证。

1.4.2　站用变压器容量选择不合理

设计阶段： 初步设计。

问题描述： 220kV 变电站初步设计中无站用变压器容量估算表和计算过程，而是依据经验或照搬通用设计，配置 630kVA 站用变压器，容量偏大，造成浪费。

解决措施： 应根据《220kV～500kV 变电站站用电设计技术规程》（DL/T 5155—2016）中附录 B 统计全站负荷，不考虑短时负荷，计算站用变压器容量，合理配置站用变压器。

1.4.3　站用变压器的高压电缆未进行热稳定校验

设计阶段： 初步设计

问题描述： 设计未按照热稳定要求校验站用变压器的高压电缆电缆截面，仅按载流量选取站用变压器高压电缆，造成电缆截面偏小，一旦该回路发生短路，可能烧毁站用变压器电源电缆。

解决措施： 站用变压器的高压电缆选择应按载流量选取站用变压器高压电缆截面，并按照热稳定要求校验电缆截面。

1.4.4　500kV 变电站未安装应急电源接入箱

设计阶段： 初步设计。

问题描述： 500kV 变电站未安装应急电源接入箱。

解决措施： 根据《国家电网公司变电验收管理规定细则》23 分册（Q/GDW 11651.23—2017），站用交流电源系统配置验收细则要求，330kV 及以上变电站应安装应急电源接入箱，400V 站用电系统设计时同时要求提供该回路。

1.5　防雷接地

1.5.1　土壤电阻率勘测深度不足

设计阶段： 初步设计。

问题描述： 220kV 变电站站区对角线长度为 125m，勘测最大极间距仅 70m。导致深层高土壤电阻率区域数据缺失，模拟结果与现场实际值偏差过大。

解决措施： 根据《接地装置工频特性参数的测量导则》（DL/T 475—2017）10.2.2 条，最大的极间距离 $a_{\max}$ 一般不宜小于拟建接地装置最大对角线。当布线空间路径有限时，可酌情减少，但至少应达到最大对角线的 2/3。

1.5.2　全站接地方案深度不足，未校验接触电势、跨步电压

设计阶段： 初步设计。

问题描述： 直接按照以往经验设计了碎石地面和均压带，用于提高接触电动势、跨步电压允许值。未提供变电站土壤电阻率和腐蚀性情况，说明接地材料选择、使用年限、接地装置设计技术原则及接触电动势和跨步电动势计算结果，需要采取的降阻、防腐、隔离措施方案及其方案间的技术经济比较。

解决措施： 设计接地设计时，应按照工程技术参数计算接地电阻，校验接触电动势、跨步电动势，当接触电动势、跨步电动势不满足要求时，需结合计算结果采取相对应的解决措施。

1.5.3　GIS 内置电压互感器、避雷器、快速接地开关未采用专用接地线接地

设计阶段： 施工图设计。

问题描述： GIS 内置电压互感器、避雷器、快速接地开关未采用专用接地线直接连接到地网，而是通过外壳和支架接地。危

害设备及人身安全。

解决措施：认真确认厂家资料，施工图设计提请 GIS 厂家，电压互感器、避雷器、快速接地开关应采用专用接地线接地。各接地点接地排的截面需满足要求。

1.5.4　开关室封闭母线桥挂点埋件遗漏

设计阶段：施工图设计。

问题描述：10kV 或 35kV 配电装置封闭母线桥遗漏桥架埋件。危害设备及人身安全。

解决措施：提资时电气专业应根据远期规模合理布置封闭母线桥走向及布置方位，并将埋件位置提交土建专业，加强专业间沟通。

1.6　停电过渡方案

1.6.1　停电过渡措施考虑不周

设计阶段：初步设计。

问题描述：对于改扩建工程，设计未考虑扩建施工引起的停电影响，对停电范围掌握不准确，体现在缺乏对厂矿企业、高铁重要负荷供电可靠性论证及转供方案描述；缺乏对 GIS 设耐压短时全停时其他负荷的可靠性论述，导致后期实施困难或工程估列费用不足。

解决措施：详细掌握相关线路停电要求及停电时间，会同线路专业联合研讨形成总体停电过渡方案。设计单位需征求调度、运检修部门的意见，掌握电网运方式，重点论述停电期间的负荷转供情况，明确过渡阶段工实施方案，尽量减小停电时间及停电范围，并根据实际情况考虑临时过渡费用。

1.7 防火封堵

1.7.1 电缆出围墙处防火封堵不满足要求

设计阶段：施工图设计。

问题描述：高压电缆仅在配电装置室出口处设置防火封堵，而未在围墙处设置，此防火隐患可能造成火灾蔓延。

解决措施：按照《电力工程电缆设计规范》（GB/T 50217—2018）中第 7.0.2.2 条要求，在厂区围墙处应设置防火墙。

1.7.2 电缆防火措施不满足技术标准要求

设计阶段：施工图设计。

问题描述：消防、报警、应急照明、断路器操作直流电源等回路未采用耐火电缆，采用阻燃电缆但未进行防火分隔；电缆层线缆敷设未充分考虑巡视和检修要求；电缆仅在配电装置室出口处设置防火封堵而未在围墙处设置，不满足防火封堵要求；电缆层和电缆竖井未设置感温电缆等。可能造成火灾蔓延。

解决措施：按照《电力工程电缆设计标准》（GB 50217—2018）中第 7.0.7 条"在外部火势作用一定时间内需维持通电的下列场所或回路，明敷的电缆应实施防火分隔或采用耐火电缆：1 消防、报警、应急照明、断路器操作直流电源和发电机组紧急停机的保安电源等重要回路"；《电力工程电缆设计标准》（GB 50217—2018）中第 5.7.3 条，巡视通道局部上方有线缆或桥架穿越处需确

保 1400mm 通行高度；《电力工程电缆设计标准》（GB 50217—2018）中第 7.0.2.2 条"电缆沟、隧道及架空桥架至控制室或配电装置的入口、厂区围墙处宜设置防火墙或阻火段"；按照《火力发电厂与变电站设计防火标准》（GB 50229—2019）中第 11.5.26 条"电缆层、电缆竖井配置缆式线型感温探测器"。设计人员应高度重视电缆防火设计，严格按照相关标准规范进行电缆的选型、敷设及封堵。施工图检查、图纸会审各方应认真把关，发现问题应及时督促修改图纸。

1.7.3　不同站用变压器低压侧至站用电屏电缆同沟敷设，且未采用防火措施

设计阶段：施工图设计。

问题描述：同站用变压器低压侧至站用电屏电缆同沟敷设，未采用防火隔离措施，发生火灾容易导致全站交流失电。

解决措施：根据《国家电网有限公司十八项电网重大反事故措施（2018 年修订版）》5.2.1.6 条：新投运变电站不同站用变压器低压侧至站用电屏的电缆应尽量避免同沟敷设，对无法避免的，则应采取防火隔离措施。在电缆沟道设计中应考虑敷设路径，对场地狭小的情况，可在电缆沟中采用防火隔离措施。

1.8　三维设计部分

1.8.1　防雷接地未体现

设计阶段：初步设计。

问题描述： 三维设计文件中，缺少防雷接地部分设备模型及材料，导致材料统计不准确。

解决措施： 设计深度不足。根据《国网基建部关于开展输变电工程三维设计评价工作的通知》（基建技术〔2020〕25 号）的附件 1，三维设计文件应包含防雷、接地设施。需根据工程实际情况，按深度要求进行设计。

1.8.2 剖面图材料表统计不准确

设计阶段： 初步设计。

问题描述： 从平面图剖出的断面图，其统计出的材料量准确，本期、远期属性有误。

解决措施： 设备布置需关联主接线。设备属性填写正确、全面。

2 系统及电气二次

2.1 系统继电保护及安全自动装置

2.1.1 线路两端保护选型不匹配

设计阶段： 初步设计。

问题描述： 对于 π 接、改接线路，未明确两端线路保护是否需要更换及未明确更换原因。线路保护采用光纤差动保护时，未考虑整体线路长度（或将新建线路长度与整体线路长度混淆），导致光信号长距离传输时衰减。

解决措施： 内容设计深度不足，应根据《国网基建部关于发布 35～750kV 输变电工程设计质量控制"一单一册"（2019 版）的通知》（基建技术〔2019〕20 号）的要求，充分了解对侧变电站保护配置情况，再确定对侧是否更换保护装置，并确定合理的保护改造或更换方案。明确整条线路长度，选配满足保护光纤通道传输要求的保护装置和通信方式。

2.1.2 220kV 及以上新建线路保护未配置具备双通道接入能力的保护装置

设计阶段： 初步设计。

问题描述： 评审时发现，存在 220kV 及以上新建线路保护未配置具备双通道接入能力的保护装置的情况。

解决措施： 根据《国调中心、国网信通部关于印发国家电网有限公司线路保护通信通道配置原则指导意见的通知》（国网调继〔2019〕6 号）的要求，220 kV 及以上线路保护应具备双通道接入

能力；220 kV 双通道线路保护所对应的四条通信通道应至少配置两条独立的通信路由，通道具备条件时，宜配置三条独立的通信路由。

线路保护的安全可靠运行高度依赖光纤通道，为进一步提高线路保护的可靠性，降低通信故障或检修对线路保护的影响，220kV 及以上新建线路保护配置具备双通道接入能力的保护装置。

2.1.3 35～110kV 新上线路保护未配置光差保护功能

设计阶段： 初步设计。

问题描述： 评审时发现，存在 35～110kV 新上线路保护未配置光差保护的情况。

解决措施： 为保证系统保护的速动性和可靠性，35～110kV 新上线路保护均配置光差保护功能，避免由于保护动作时间长引起系统稳定问题。根据《山东 10kV～110kV 电网继电保护及安全自动装置功能配置标准》（Q/GDW06 10015—2018）的要求，35～110kV 新上线路保护均配置光差保护功能，且应落实通道情况，当线路为并网线、联络线或变电站有小电源接入时，光差保护应完善保护通道，其余情况通道不具备条件时可仅投入后备距离保护功能，设计方案应说明具体方案和保护通道情况。

2.1.4 110kV、35kV 母线未配置母线保护

设计阶段： 初步设计。

问题描述： 评审时发现，存在 110kV、35kV 母线未配置母线

保护的情况。对于单母线、单母分段、双母线接线方式，若无母线保护，母线故障后需要依靠线路后备保护隔离故障点，线路后备保护装置动作后，满足备自投装置动作逻辑，备自投装置动作将会备投到母线故障点，造成全站失电。

解决措施：执行《山东 10kV～110kV 电网继电保护及安全自动装置功能配置标准》（Q/GDW06 10015—2018）的要求，220kV 变电站的 110kV 母线和 35kV 母线应配置母线保护；110kV 变电站采用双母双分段接线、双母线接线、双母线单分段接线、单母线分段接线、单母线三分段接线时应配置 110kV 母线保护。

2.1.5　超出工程规模配置母线保护等公用保护

设计阶段：初步设计。

问题描述：线路开断接入或线路改接工程，涉及变电站线路保护更换时，变电站母联保护、母线保护、保信子站等设备到期，设计方案中全部进行更换，超出工程建设规模，不宜在基建工程中更换。

解决措施：对于规模以上工程，国家电网公司对于主变压器增容工程、间隔扩建工程、保护改造工程范围均有明确要求，不进行配置。对于规模以下工程，依据省公司下发相关文件要求和可研批复进行配置。

2.1.6　故障录波器配置不满足二次系统通用设计要求

设计阶段：初步设计。

问题描述：110kV 变电站未配置故障录波器。故障录波器的

装置数量、屏柜数量，数字量、GOOSE 报文配置，对时方式等不满足二次系统通用设计要求。

解决措施：根据《国网运检部关于印发公司生产技术改造和设备大修技改原则的通知》（国网运检计划〔2015〕60 号）6.3.1.5.25"对未配置故障录波器的 110 千伏变电站，应增设故障录波器。"依据通用设计方案，智能变电站故障录波按电压等级和过程层网络配置。110kV 每站配置 1 台故障录波；220kV 变电站的主变压器及 220kV 部分均双套配置故障录波，110kV 部分单套配置；500kV 变电站的故障录波 220kV 每两段母线双套配置，500kV 为模拟量采样，每两串配置 1 台，每两台主变压器配置 1 台。数字采样的故障录波每 2 台组 1 面柜，模拟量采样的故障录波每台组 1 面柜。

2.1.7　35（10）kV 备自投装置未独立配置

设计阶段：初步设计。

问题描述：评审时发现，存在 35（10）kV 备自投装置未独立配置的情况。

解决措施：根据《电网安全稳定自动装置技术规范》（Q/GDW 421—2010）"3.5 电网安全稳定自动装置需单独配置，具有独立的投入和退出回路。"根据《山东电网备自投装置配置原则及动作逻辑技术规范（试行）》（省公司调运〔2019〕19 号）"3.备自投装置应采用独立式装置，不得与厂站计算机监控系统等设备混合配置使用。"

为避免后期电网结构或运行方式调整，35～110kV 变电站高、中、低压三侧、220kV 变电站中、低压侧无论为何种运行方式，都要装设备自投装置。

2.1.8 备自投装置配置方案与调度运行方式不匹配，不满足调度运行方式要求

设计阶段： 施工图设计。

问题描述： 设计文件备用电源自动投入装置配置未综合考虑调度运行方式要求，存在有源线路、主变压器进线等备用电源自动投入装置漏配的情况，不满足调度运行方式要求。

解决措施： 继电保护和安全自动装置技术规程（GB/T 14285—2006）对装设备用电源自动投入进行了规定："a. 具有备用电源的发电厂厂用电源和变电所所用电源；b. 由双电源供电，其中一个电源经常断开作为备用的电源；c. 降压变电所内有备用变压器或有互为备用的电源；d. 有备用机组的某些重要辅机。"《电力装置的继电保护和自动装置设计规范》（GB/T 50062—2008）对装设备用电源自动投入装置进行了规定："1. 由双电源供电的变电站和配电站，其中一个电源经常断开作为备用。2. 发电厂、变电站内有备用变压器。3. 接有 I 类负荷的由双电源供电的母线段。4. 含有 I 类负荷的由双电源供电的成套装置。"

严格执行相关技术规范要求，核实系统有源线路情况，结合调度运行方式对备自投策略配置需求，对备自投配置方案进行规范设计。

2.1.9　未配置二次设备在线监视与分析系统

设计阶段： 初步设计。

问题描述： 未配置二次设备在线监视与分析系统。

解决措施： 110kV 及以上智能变电站设置 1 套二次设备在线监视与分析系统。根据 Q/GDW 11361—2017 的要求。根据《国家电网有限公司十八项电网重大反事故措施（2018 年修订版）》"15.4.5 建立和完善二次设备在线监视与分析系统，确保继电保护信息、故障录波等可靠上送。在线监视与分析系统应严格按照国家有关网络安全规定，做好有关安全防护。在改造、扩建工程中，新保护装置必须满足网络安全规定方可接入二次设备在线监视与分析系统。"根据《山东电力调度控制中心关于印发山东电网二次设备在线监视与分析建设方案的通知》（调保〔2020〕14 号）"2020 年起，新建 110kV 及以上智能变电站部署二次设备在线监视与分析子站，并接入调控云主站。"

2.1.10　电流互感器二次绕组配置方案不正确，扩大事故停电范围

设计阶段： 初步设计。

问题描述： 电流互感器二次绕组准确级排列顺序、极性位置不合理，造成保护范围缩小或极性错误，扩大了停电范围，存在安全隐患。

解决措施： 《电流互感器和电压互感器选择及计算导则》（DL/T 866—2004）对保护用电流互感器的性能及类型进行了要

求。《继电保护和安全自动装置技术规程》（GB/T 14285—2006）对电流互感器进行了规定："6.2.1.4 保护用电流互感器的配置及二次绕组的分配应尽量避免主保护出现死区。按近后备原则配置的两套主保护应分别接入互感器的不同二次绕组。"《国家电网公司输变电工程通用设计 220kV 变电站模块化建设（2017 版）》《国家电网公司输变电工程通用设计 110kV 变电站模块化建设（2017版）》对电流互感器二次绕组准确级排列顺序、极性位置进行了规定。设计未按照相关规程规范执行，设计文件电流互感器二次绕组配置方案不合理，存在安全隐患。

严格执行相关技术规范及设计内容深度要求，并加强专业间设计配合，确保电网安全可靠运行。

2.1.11 双重化保护通道接口装置电源与保护装置电源不匹配

设计阶段：施工图设计。

问题描述：保护装置与通信接口装置所接直流电源的母线段不对应，直流一段母线失电后造成双重化的保护均失效。

解决措施：对通信电源采用 48V DC/DC 变换的变电站，每套线路纵联保护装置与本套保护对应通道接口装置电源应同时接入同一组蓄电池所对应的直流母线上，防止保护装置电源与通道接口装置电源交叉接入。《关于印发〈关于加强山东电网变电站自动化专业管理的工作意见（试行）〉的通知》（通知〔2020〕26 号）中规定，"6.3 220 kV 及以上新建及改造变电站同一交换机的两个电源应取自同一段直流母线，该电源应取自同一段直流分电屏引

出的两个直流空开。A、B 网交换机电源应分别取自Ⅰ、Ⅱ段直流电源。110kV 及以下配置单套直流电源的变电站，A、B 网交换机直流电源应采用不同支路供电，每一支路应配置具有短路跳闸功能的空气开关"。

2.2 系统调度自动化

2.2.1 扩建工程中未对前期工程设备的五防功能进行更新完善

设计阶段： 施工图设计。

问题描述： 扩建工程设计时，未根据主接线型式的变化，对原有设备的五防逻辑及回路进行更新完善，造成前期工程以上设备不满足防误操作要求。

解决措施： 遗漏对前期工程以上设备防误闭锁功能的完善设计。应针对扩建后的主接线型式整体考虑防误闭锁功能的设计。

2.2.2 二次系统安全防护未配置网络安全监测装置

设计阶段： 初步设计。

问题描述： 二次系统安全防护未配置网络安全监测装置。

解决措施： 核实改扩建工程前期是否配置网络安全监测装置。根据国家电网调〔2017〕1084 号文件的要求，在变电站电力监控系统部署网络安全监测装置，采集变电站站控层设备和安防设备自身感知的安全数据及网络安全事件，实现对网络安全事件的本地监视和管理，同时转发至调控机构网络安全监管平台的数据网关机。

2.2.3 配置 2 套电能量远方终端

设计阶段：初步设计。

问题描述：工程中配置 2 套电能量远方终端配置，与通用设计方案不符。

解决措施：通用设计方案为电能量远方终端单套配置。根据《国家电网公司输变电工程通用设计 220kV 变电站模块化建设（2017 版）》技术导则"7.4.2.5 电能量计量系统（1）全站配置一套电能量远方终端"。《国家电网公司输变电工程通用设计 110kV 变电站模块化建设（2017 版）》技术导则"7.4.2.5 电能量计量系统（1）全站配置一套电能量计量系统图子站设备，包括电能计量表和电能量远方终端"。

可配置 1 套电能量远方终端，在施工图设计阶段预留另 1 套电能量远方终端装置位置及接线。

2.2.4 智能站改扩建工程非计费关口电能表未按照数字式电能表配置

设计阶段：初步设计。

问题描述：智能变电站的改扩建工程未按照符合 DL/T 645—2007 通信规约及 DL/T 860 的配置数字量输入的电能表。

解决措施：对于输变电工程及智能变电站改扩建工程，电能表均应按照符合 DL/T 645—2007 通信规约及 DL/T 860 标准的数字量输入的电能表配置。

2.3 变电站自动化系统

2.3.1 新下发文件的执行不到位

设计阶段：初步设计。

问题描述：包括新文件的执行不到位，信息上传通道不准确，保留远动专线等情况，监控信息描述不完善，保护压板配置不正确。

解决措施：应贯彻落实最新文件，如《国调中心关于增补智能变电站设备监控典型信息的通知》（调监〔2014〕82 号）、《国调中心关于印发 750kV 等 4 个电压等级变电站典型信息表的通知》（调监〔2013〕152 号）、《变电站设备监控信息规范》（Q/GDW 11398—2015）、《山东电力调度控制中心关于印发山东电网 35－220kV 电压等级变电站电型监控信息表的通知》（调监〔2019〕7 号）、《变压器、高压并联电抗器和母线保护及辅助装置标准化设计规范》（Q/GDW 1175—2013）、《线路保护及辅助装置标准化设计规范》（Q/GDW 1161—2013）、《10kV～110（66）kV 线路保护及辅助装置标准化设计规范》（Q/GDW 10766—2015）、《山东电网继电保护配置原则（2016 版）》（鲁电调〔2016〕772 号）、《山东配电网规划设计技术规范》（鲁电企管〔2017〕41 号）、《关于印发〈关于加强山东电网变电站自动化专业管理的工作意见（试行）〉的通知》（通知〔2020〕26 号）等。并执行文件中要求如智能辅控系统信息及设备在线监测信息上传通道、保护装置设置"远方操作"和"保护检修状态"硬压板、取消远动专线等问题。

2.3.2　一体化监控系统，35～110kV 变电站站控层网络采用单网

设计阶段：初步设计。

问题描述：35～110kV 变电站站控层网络采用单网。

解决措施：考虑变电站对网络可靠性要求的提高，建议按照企标要求"110kV（66kV）及以上智能变电站应采用双网"，常规变电站和 35kV 变电站参照执行。智能变电站一体化监控系统技术规范（Q/GDW 10678—2018）"7.1.2.2 站控层网络 a）站控层网络应采用星型结构，110kV（66kV）及以上智能变电站应采用双网。"《关于加强山东电网变电站自动化专业管理的工作意见（试行）》（省公司调控中心〔2020〕26 号）："6 厂站站控层、间隔层、过程层交换机管理　6.1　35～500 千伏新建及改造变电站站控层、间隔层均应配置双以太网交换机，网络拓扑结构应采用星型。"同时在变电站自动化系统图纸中要体现设计方案。

2.3.3　未部署一键顺控系统

设计阶段：初步设计。

问题描述：评审时发现，存在新建工程未部署一键顺控系统或者配置不规范的情况。

解决措施：《国家电网有限公司关于印发十八项电网重大反事故措施（修订版）的通知》（国家电网设备〔2018〕979 号）4.2.12条要求，顺控操作（程序化操作）应具备完善的防误闭锁功能，

模拟预演和指令执行过程中应采用监控主机内置防误逻辑和独立智能防误主机双校核机制，且两套系统宜采用不同厂家配置。基建技术〔2021〕2 号《国网基建部关于发布输变电工程通用设计通用设备应用目录（2021 年版）的通知》，明确了一键顺控范围、方案和配置要求，应严格按照文件要求进行设计。

2.4　元件保护及自动装置

2.4.1　10kV 线路保护未集成暂态原理选线功能

设计阶段：初步设计。

问题描述：评审时发现，存在 10kV 线路保护未集成暂态原理选线功能的情况。

解决措施：为减小停电范围、缩短停电时间，细化故障自愈研究，加强配网保护与配电自动化的功能配合。根据《国网山东省电力公司关于印发 2020 年山东配电网故障防御能力提升工作方案的通知》（鲁电调〔2020〕79 号），10kV 线路保护应集成暂态原理选线功能。

2.4.2　未配置独立的小电流接地选线装置

设计阶段：初步设计。

问题描述：评审时发现，存在新建工程未配置独立的小电流接地选线装置的情况。

解决措施：按《国网山东省电力公司运检部关于印发〈山东电网变电站小电流接地选线装置综合治理方案〉的通知》（运检

〔2015〕26 号），本站 35kV 系统配置 1 套独立的小电流接地选线装置。小电流接地选线装置宜采用暂态原理或消弧线圈并电阻选线技术，应具有接地保护跳闸功能、故障录波功能。

2.5 交直流一体化电源系统

2.5.1 110kV 及以下变电站 UPS 双套配置

设计阶段：初步设计。

问题描述：110kV 及以下变电站 UPS 双套配置。

解决措施：110kV 及以下变电站 UPS 单套配置。由于 110kV 及以下变电站直流蓄电池为单套配置，配置双套 UPS 时，当 UPS 设备自身或回路故障时提升一定可靠性，对于整体可靠性提高有限。根据《国家电网有限公司关于印发电网运行有关技术标准差异协调统一条款的通知》（国家电网科〔2020〕163 号）针对上述问题的协调方案为"110kV 及以下电压等级变电站，宜配置 1 套 UPS。"

2.5.2 电力工程直流电源系统设计技术规程执行不严

设计阶段：初步设计。

问题描述：部分 110kV 智能变电站蓄电池未按要求组架安装并设置单独蓄电池室。

解决措施：DL/T 5044—2014 规定，阀控式密封铅酸蓄电池容量在 300Ah 及以上时，应设专用的蓄电池室。专用蓄电池室宜布置在 0m 层。

2.5.3　缺少直流电源系统空开级差配合计算，存在越级跳闸、停电范围扩大的隐患

设计阶段：施工图设计。

问题描述：设计文件中未提供变电站直流系统上下级差配合参数计算书，直流主柜与分柜，分柜与各装置屏柜直流电源空开选择存在级差配合不合理问题，尤其是直流分柜与就地布置的合并单元、智能终端空开配合问题更为突出，存在越级跳闸隐患。

解决措施：直流电源系统上下级直流断路器级差配合计算含直流主柜与分柜，分柜与各装置屏柜直流断路器级差配合，应涵盖从直流主馈线柜至最末一级的各级直流断路器选择。《电力直流电源系统设计技术规程》（DL/T 5044—2014）对直流断路器选择、电缆截面等选择计算原则进行了规定；《国家电网公司输变电工程施工图设计内容深度规定》（Q/GDW 11605—2016、Q/GDW 1381.1—2013、Q/GDW 1381.5—2013、Q/GDW 1381.6—2013），35kV～750kV 变电站二次部分关于计算项目及其深度要求规定规范及设计内容深度要求，建议使用设计软件实现精准设计，提交相关计算书及级差配合图纸。

2.6　其他二次系统

2.6.1　未预埋时间同步系统天线敷设管道

设计阶段：施工图设计。

问题描述：时间同步系统天线的线缆埋管未设计，导致时钟同步线缆无法走线。

解决措施： 电气二次专业未向土建专业提资或提资不及时。二次专业应在土建开展施工图设计时及时给相关专业提资。

2.6.2　智能辅助控制系统摄像机未采用高清摄像机

设计阶段： 施工图设计。

问题描述： 智能辅助控制系统摄像机未采用高清摄像机，监控视频不清晰。

解决措施： 要求智能辅助控制系统中的摄像机采用高清摄像机。

2.6.3　未按照要求设置线型绕组感温探测系统

设计阶段： 施工图设计。

问题描述： 未按照《国网设备部关于印发变电站（换流站）消防设备设施等完善化改造原则（试行）的通知》（设备变电〔2018〕15 号）要求设计主变压器、电缆夹层及电缆竖井线型绕组感温探测系统。

解决措施： 按照设备变电〔2018〕15 号 4.2.4.9，"220kV 及以上变电站的电缆夹层及电缆竖井内应安装线型感温、感烟或吸气式感烟探测器，缆式线型感温火灾探测器在电缆表面以'S 型'缠绕方式敷设。"《电力设备典型消防规程》（DL 5027—2015）表 13.7.4 "油浸式变压器（单台容量 125MVA 及以上）火灾探测器类型：缆式线型感温+缆式线型感温或缆式线型感温+火焰探测器组合（联动排油注氮宜与瓦斯报警、压力释压阀或跳闸动作组合）；

油浸式平波电抗器（单台容量 200Mvar 及以上）：缆式线型感温+缆式线型感温或缆式线型感温+火焰探测器组合"。

应按照要求设计主变压器、电缆夹层及电缆竖井线型绕组感温探测系统。明确消防、安防告警信息通过一体化监控系统上传至调度主站。一体化监控系统监控范围应包含火灾报警信号。

2.6.4 预制光缆开列方式与现场实施脱节，工程量偏差较大

设计阶段： 施工图设计。

问题描述： 预制光缆包括两端光缆连接插座及已预制好插头的光缆三部分，设计人员仍沿用普通光缆的开列方式，导致所选择的预制光缆在类型、质量及概算上偏差比较大，往往导致现场变更，造成材料浪费。

解决措施： 预制光缆的开列宜按照芯数、预制方式按成套预制光缆组件开列。《智能变电站预制光缆技术规范》（Q/GDW 11155—2014）对预制光缆及组件进行了规定："4.2 预制光缆结构示意预制光缆的结构组成包括光缆、插头/插座或分支器、尾纤、热缩管等。预制光缆可以有双端预制或单端预制两种形式。变电站中常用的预制光缆型式有连接器型多芯预制光缆和分支器型多芯预制光缆等。预制光缆结构示意参见附录 A。"《国家电网公司输变电工程通用设计 220kV 变电站模块化建设（2017 年版）》《国家电网公司输变电工程通用设计 35~110kV 智能变电站模块化建设施工图设计（2016 年版）》等通用设计对预制光缆的选择、敷设及开列设计进行了规定;《国家电网公司输变电工程初步设计

内容深度规定》（Q/GDW 1166.2—2013、Q/GDW 1166.8—2013、
Q/GDW 1166.9—2013）对光缆设施规定："说明站区光缆、电缆
设施型式及尺寸，光缆、电缆敷设方式的选择。"设计存在对预制
光缆开列不规范，统计数量偏差较大，造成材料变更。

跟踪新文件及相关标准规范的要求，严格执行相关技术规范
及通用设计要求，对光缆的选择、敷设及预制光缆组件开列进行
规范设计。

2.6.5 智能站二次设备光纤通信接口与尾缆接口类型不匹配

设计阶段：施工图设计。

问题描述：智能变电站二次设备光纤通信接口主要有 FC、
SC、ST、LC 等类型，设计时未统计全站二次设备的光纤通信接
口类型，导致所选配的尾缆与二次设备通信接口类型不匹配。

解决措施：未根据二次设备光纤接口类型选配尾缆。尾缆接
口类型应与设备光口类型相一致。

2.6.6 电源馈线柜端子型号与低压电力电缆截面不匹配

设计阶段：施工图设计。

问题描述：低压电力电缆截面与电源端子规格不匹配，造成
电源馈线柜电源回路接线不规范，存在安全隐患。

解决措施：设计单位与电源供应商设计配合不足。在设计联
络会及图纸确认阶段应明确电源端子规格与低压电力电缆的
截面。

2.6.7　消防相关的重要回路未采用耐火电缆

设计阶段：初步设计。

问题描述：评审时发现，存在消防相关的重要回路未采用耐火电缆的情况。

解决措施：《火灾自动报警系统设计规范》（GB 50116—2013）中 " 11.2.2 火灾自动报警系统的供电线路、消防联动控制线路应采用耐火铜芯电线电缆，报警总线、消防应急广播和消防专用电话等传输线路应采用阻燃或阻燃耐火电线电缆。"《电力工程电缆设计标准》（GB 50217—2018）中 "7.0.7 在外部火势作用一定时间内需维持通电的下列场所或回路，明敷的电缆应实施防火分隔或采用耐火电缆：1 消防、报警、应急照明、断路器操作直流电源和发电机组紧急停机的保安电源等重要回路；2 计算机监控、双重化继电保护、保安电源或应急电源等双回路合用同一电缆通道又未相互隔离时的其中一个回路；"对于消防相关的电源、控制、信号等重要回路，应采用耐火电缆。

2.7　二次设备组柜与布置

2.7.1　备用屏位数量不足

设计阶段：初步设计。

问题描述：通信屏位增加后，二次设备室备用屏位数量不足，不能满足远期规划需求。

解决措施：根据《国网基建部关于发布 35～750kV 变电站通

用设计通信、消防部分修订成果的通知》（基建技术〔2019〕51号），35～750kV 变电站通用设计修订技术原则，通信设备布置需根据新增设备增加通信屏位，并与原有通信屏比邻布置。

（1）330～750kV 变电站新增屏位 10～13 面（其中 OTN 设备 2 面、光纤配线柜 3 面、预留屏位 5～8 面）。

（2）220kV 变电站新增屏位 8～10 面（其中 OTN 设备 2 面、光纤配线柜 3 面、预留屏位 3～5 面）。

（3）110（66）kV 变电站新增屏位 4～5 面（其中 IAD 设备 1 面、OTN 设备 1 面、预留屏位 2～3 面）。

（4）35kV 变电站新增屏位 3～4 面（其中 IAD 设备 1 面、预留屏位 2～3 面）。

2.7.2　消防控制屏柜未布置在主控室（消防控制室）

设计阶段： 施工图设计。

问题描述： 设计人员未严格执行相关消防及火灾报警技术 1 规程，将消防控制屏布置于其他房间。

解决措施： 防控制屏柜为了整齐美观，应布置在有人值班的主控室（消防控制室）或者统一布置在二次设备间。

3 变电土建

3.1 土建地质部分

3.1.1 地质勘探报告信息缺失

设计阶段: 初步设计、施工图设计。

问题描述: 对地下水位较深地区,地质报告未明确探查稳定的地下水位,且未提供渗透系数等供水参数,无法进行出水量计算。其次部分地质勘探报告未明确承载力选取的依据,缺乏合理性。

解决措施: 对地下水位较深的,应专门组织对地下水进行调查勘测。对各土层承载力特征值的确定,应明确确定方法,确定依据。

3.1.2 软弱地基或特殊地质情况未进行建筑沉降验算,导致建筑安全问题

设计阶段: 初步设计、施工图设计。

问题描述: 深厚软土地区,存在大量欠固结或未固结土体,建筑整体沉降较大且较长时间内不能达到稳定状态。站址半挖半填区,由于基础底部地基基床反力系数差异较大,易产生较大的不均匀沉降,导致建筑开裂设备错位。产生安全隐患。

解决措施: 对预判为软土地区或基床系数差异较大区域,先由电气设备专业确定或提供总沉降允许值、设备倾斜允许值,如不能提供应按照《建筑地基基础设计规范》(GB 50007—2011)表5.3.4 确定站内建筑物沉降限值。在初设或施工图设计阶段对半挖半

填区、深厚软土区按《建筑地基基础设计规范》(GB 50007—2011)要求进行沉降验算，初设阶段提供验算文件。对不满足沉降限制要求的应修改设计方案。

3.1.3 地基处理检验方案及报告缺失，无法有效控制地基处理质量

设计阶段：初步设计。

问题描述：目前针对一些深厚软土、液化土及其他特殊地质条件地区的地基处理方案，均未明确验收检测标准，导致地基处理质量、处理效果无法保证。

解决措施：地基处理方案应明确设计要点，验收方法和标准，应详细说明应执行的各类设计、施工、检测等规范，并对地基检测的方法简要论述，设计说明务必做到详尽。一般引用规范包括但不限于《建筑地基处理技术规范》(JGJ 79—2012)、《复合地基技术规范》(GB/T 50783—2012)、《电力工程地基处理技术规程》(DL/T 5024—2005)等。

3.1.4 初设阶段挡土墙类型、参数未结合实际地形选择确定

设计阶段：初步设计。

问题描述：初设深度不足，初设阶段未结合实际地形、征地范围、站址设计标高合理设计挡土墙，在概算中多仅计列一种挡土墙方案，对红线用地紧张或高差较大的工程在施工图阶段，改变投资规模。

解决措施：针对站址位于山区沟谷地带的，应结合实际地形

在初设阶段选定挡土墙材料类型、高度、基地埋深、基地宽度、顶面宽度，且应按照《建筑地基基础设计规范》（GB 50007—2011）中第 6.7 条，《建筑边坡工程技术规范》（GB 50330—2013）进行稳定性验算。

3.1.5　初设阶段地质水文气象报告未明确设计风速

设计阶段： 初步设计

问题描述： 初设评审发现，多项工程水文地质报告中未明确 10m 高度 10min 平均风速，最大风速等信息。施工图阶段无法合理设计风荷载。

解决措施： 应依据《建筑结构荷载规范》（GB 50009—2012），《工程建设水文地质勘察标准》（CECS 241—2008），提供空旷场地 10m 高度 10min 平均风速，最大风速等设计信息。

3.1.6　站址标高设计不合理，导致进站道路坡度过大

设计阶段： 初步设计。

问题描述： 部分变电站紧邻接引路，进站道路较短，初设阶段站址设计标高较高，导致进站道路坡度远大于 6%，施工图阶段方案实施困难。

解决措施： 初设阶段应参照《变电站总布置设计技术规程》（DL/T 5056—2007）考虑进站道路坡度限制（一般平原地区不超过 6%，特殊山区不应超过 8%），接引道路标高及未来改扩建可能、站址区域洪水位标高等因素综合确定站址标高。对进站道路坡度超过 6% 的应设置防措施。

3.1.7　挡土墙泄水孔设置不满足规范要求

设计阶段：施工图设计。

问题描述：挡土墙未设置泄水孔或泄水孔间距过大，挡土墙后侧未设置排水层及隔水层。

解决措施：按照《砌体结构工程施工质量验收规范》（GB 50203—2011）要求，设计无明确要求时，泄水孔应均匀布置，每米高度上间隔 2m 设置一个泄水孔，泄水孔与土体间应设长宽 300mm，厚 200mm 的碎石排水层。按照《国家电网公司输变电工程标准工艺（三）工艺标准库（2016 年版)》重力式块石挡土墙 0101030203 要求，泄水孔应采用 110mm PVC 管，向外坡度 5%。

3.1.8　站外排水未计算汇水面积和流量，围墙外排水沟设置不合理，排水不畅

设计阶段：初步设计。

问题描述：对于站址位于坡地的区域，未计算汇水区，站外排水沟设置未经计算。

解决措施：对位于坡地的变电站，应扩大测绘区域，水工计算汇水面积，按照最大降雨量，计算汇水流量。以此为依据设计站外排水沟大小。

3.1.9　未考虑变电站建设对周边（田间道路、排水）的影响

设计阶段：初步设计。

问题描述：变电站建设改变了现有场地的排水路径，对具有较长进站道路的项目，设计标高过大，未考虑与两侧的交通和排

水问题。

解决措施： 应综合考虑现有排水路径与工程建设完成后排水路径的变化，必要时设置涵管疏站内外雨水。进站道路设计标高应综合考虑与两侧的交通情况，必要位置可与周边交通设置斜坡过渡段。

3.2 土建建筑部分

3.2.1 设备房间门尺寸不满足设备运输要求，或预留门洞未考虑后续扩建需求

设计阶段： 施工图设计。

问题描述： 建筑专业对设备房间预留门洞尺寸时，未考虑需进出设备的大小，或仅按电气设备专业提供的尺寸设计未考虑门框所占空间导致洞口太小，设备不能通过。其次建筑专业对门洞预留位置未做远期预判，将洞口预留在本期设备旁边，待本期设备安装完毕，远期设备无法运输通过。

解决措施： 建筑专业在确定门尺寸时应仔细核对电气提资要求，特别是一次高压设备房间、独立设备房间。根据设备最大运输尺寸要求确定门尺寸，并考虑门框尺寸影响。其次门洞预留位置应避免正对设备区，留出设备运输通道方便远期扩建和设备维修。

3.2.2 配电装置楼建筑面积应按围护结构外轮廓计算，总建筑面积应计算泵房、警卫室

设计阶段： 初步设计、施工图设计。

问题描述： 目前部分工程建筑面积套用通用设计，未按《建筑工程建筑面积计算规范》（GB/T 50353—2013）执行，在总建筑面积列表中部分未计入泵房、辅助用房等面积。

解决措施： 按照《建筑工程建筑面积计算规范》（GB/T 50353—2013），建筑面积应按照建筑物外墙尺寸计算，对无屋顶的操作平台，吊装平台应计算 1/2 面积为建筑面积，对有电缆半层的按规定执行。所有数据应依据初设阶段建筑图纸按规则准确计算。在总建筑面积表中，应计入辅助用房、泵房、雨淋阀室等构建筑物面积。

3.2.3 建筑防火门型式选用及开门方向不合理

设计阶段： 初步设计、施工图设计。

问题描述： 施工图建筑设计阶段，部分主变压器侧防火门未采用甲级防火门，配电楼内防火门未采用乙级防火门，且其开启方式不满足《建筑设计防火规范（2018 年版）》（GB 50016—2014）的要求，且在走廊位置对向防火门同时开启时阻断了疏散通道。

防止解决措施： 防火门等级的确定可依据《建筑设计防火规范（2018 年版）》（GB 50016—2014）、《民用建筑设计统一标准》（GB 50352—2019）、《火力发电厂及变电站设计防火标准》（GB 50229—2019）相关要求确定，主要要求：地上主变压器室门应直通室外，干式变压器、电容器室门应向公共走道方向开启（乙级防火门），蓄电池室、电缆夹层、继电器室、通信机房、配电室门应向疏散方向开启，当门外为公共走道或其他房间时，采用乙级防火门，配电装置室中间隔墙上的门可采用开向不同方向且宜相邻的 2 个乙级门，电缆半层防火分区之间的门应为甲级防火门。

3.2.4 施工图设计阶段建筑做法与清单做法不一致，导致设计变更

设计阶段： 初步设计、施工图设计。

问题描述： ① 施工图预算缺项或施工方案深度不足导致施工图阶段发生变化。② 施工图阶段未按照施工图预算方案设计，导致与清单发生变化。

解决措施： ① 施工图预算，应加大深度，细化各方案的可行性，细化各处建筑做法。② 施工图设计阶段严格按照预算方案设计，避免变更出现。

3.2.5 管道穿越墙体（楼地面）施工不规范

设计阶段： 施工图设计。

问题描述： 给排水、消防、电器等管道穿越墙体、楼地面及屋面、散水时未设置套管、未设置柔性连接。

解决措施： 按照《建筑给水排水及采暖工程施工质量验收规范》（GB 50242—2016）规定，"地下室或地下构筑物外墙有管道穿过的，应采取防水措施。对有严格防水要求的建筑物，必须采用柔性防水套管"；第 3.3.13 条规定"管道穿过墙壁和楼板，应设置金属或塑料套管。安装在楼板内的套管，其顶部应高出装饰面 20mm；安装在卫生间及厨房内的套管，其顶部应高出地面 50mm，

底部应与楼板地面相平；安装在墙壁内的套管其两端与饰面相平。穿过楼板的套管与管道之间缝隙应用阻燃密实材料和防水油膏填实，端面光滑。穿墙套管与管道之间缝隙宜用阻燃密实材料填实，且断面应光滑。管道的接口不得设在套管内"。按照《消防给水及消火栓系统技术规范》（GB 50974—2014）要求，"消防水泵的吸水管、出水管穿越外墙时，应采用防水套管；消防水泵的吸水管穿越消防水池时，应采用柔性套管。采用刚性防水套管时应在水泵吸水管上设置柔性接头，且观景不应大于 DN50"。

3.2.6 模块化变电站配电装置楼中电缆沟沟壁与柱、设备基础发生冲突

设计阶段：施工图设计。

问题描述：模块话变电站一层电缆沟较深，在出配电楼位置容易与配电楼独立基础发生碰撞。室内设备基础与电缆沟壁距离较近或位置冲突。

解决措施：深化施工图设计，合理布置柱脚型式，基础埋深，与电气协调电缆沟位置，尽量远离边柱。对部分较长设备基础，该段电缆沟盖板可做成现浇盖板，设备基础置于现浇板上部。

3.2.7 雨水管与门窗洞口或电气设备位置冲突

设计阶段：施工图设计。

问题描述：立面位置雨水管穿越门窗洞口，或距离电气设备过近。

解决措施： 准确设计立面图，检查雨水管与门窗洞口的相对位置。对距离电气设备较近的应调整位置。

3.2.8 蓄电池室通风方案不能满足规范要求

设计阶段： 初步设计。

问题描述： 蓄电池室通风风机数量设置一台，其参数不满足《发电厂供暖通风与空气调节设计规范》（DL/T 5035—2016）6.2.2、6.2.3、6.2.4 条的有关风机数量、吸风口设置、送风口设置的要求。

解决措施： 从初设阶段即按规范要求设置蓄电池室通风方案，每个蓄电池室风机数量不少于两台，列足设备。

在施工图阶段注意与结构专业的配合，合理设置吸风口位置，采用风机接风管，并在每个梁的间隔内设置支风管，接至楼板底部，使风口贴屋面底板。送风口位置应避免直吹蓄电池组。

3.2.9 建筑封闭楼梯间顶部未设防排烟窗

设计阶段： 施工图设计。

问题描述： 建筑封闭楼梯间，顶部未按《建筑防烟排烟系统技术标准》（GB 51251—2017）设置高窗，不能满足排烟要求。

解决措施： 应按照《建筑防烟排烟系统技术标准》（GB 51251—2017）要求，贴梁顶设置防排烟窗，其开启面积不应小于 $1m^2$，且应在距离地面 1.3～1.5m 位置设置机械开启装置。

3.2.10 蓄电池室风机洞口位置设置不合理

设计阶段： 施工图设计。

问题描述： 蓄电池室排风机的吸风口上缘距室内顶棚的距离大于 0.1m，不符合《工业建筑供暖通风与空气调节设计规范》（GB 50019—2015）6.3.10 条要求。

解决措施： 应按照《工业建筑供暖通风与空气调节设计规范》（GB 50019—2015）要求，风机吸风口距离屋顶不应大于 0.1m，可设置通风管满足相关要求。

3.2.11 蓄电池室可能受直射光纤影响时设置采光玻璃

设计阶段： 施工图设计。

问题描述： 蓄电池室南向时设置采光玻璃，会导致光线直射蓄电池组，不满足背光要求。

解决措施： 在可能受到阳光直射的一册设置磨砂玻璃或采取其他措施阻挡直射光。

3.2.12 沉降观测点设置不满足规范要求

设计阶段： 施工图设计。

问题描述： 建筑物、主变压器基础、GIS 基础等对沉降要求比较严格的建构筑物沉降观测点的设置位置和数量不能满足现行规程规范的要求，导致沉降测量精度不能满足要求。

解决措施： 沉降观测点应设置在建筑物转角、沉降缝两侧等位置，沉降观测点间距不应大于 20m，参照《建筑变形测量规范》

（JGJ8—2016）进行设置。

3.3 土建结构部分

3.3.1 结构平面图设计不满足《国家电网公司输变电工程质量通病防治工作要求及技术措施》相关规定

设计阶段： 施工图设计。

问题描述： 部分结构图纸未设置双向钢筋，阴阳角处钢筋布置不满足要求，钢筋配置未考虑洞口及管线的影响。

解决措施： 文件要求，屋面及建筑物两端单元的现浇板应设置双层双向钢筋，间距不大于 100mm，直径不宜小于 8mm。外墙阳角处应设置放射形钢筋等。施工图设计时应调整软件计算配筋结果，满足防质量通病相关要求。考虑楼板钢筋敷设，照明、辅控管线预埋等要求，楼板最小厚度按 120mm 考虑。

3.3.2 外露式柱脚的地脚螺栓直径选择不合理，清单工程量偏少

设计阶段： 施工图设计。

问题描述： 对部分设备支架采用外露式柱脚的，其地脚螺栓直径过大，且地脚螺栓外露长度过大，不仅造成投资浪费，同时影响工程的协调性和美观性。

解决措施： 应按照结构计算结果，合理设计螺栓直径和排布，螺栓露丝长度建议不超过 30mm。

3.3.3 建筑预留洞口与结构梁柱冲突

设计阶段： 施工图设计。

问题描述： 穿墙洞口、电缆间或电缆竖井等建筑预留洞口处于结构框架梁柱冲突，导致设备无法安装。

解决措施： 结构专业应结合建筑图预留情况，设置梁柱位置。

3.3.4 防火墙不均匀沉降及涂料受雨冲刷

设计阶段： 施工图设计。

问题描述： 软土地区防火墙容易出现不均匀沉降导致倾斜，对未设滴水线的涂料防火墙，涂料墙面容易遭受雨水冲蚀。

解决措施： 软土区按《建筑地基基础设计规范》校验沉降及倾斜率。防火墙压顶设置滴水线，参照《国家电网公司输变电工程标准工艺（六）标准工艺设计图集（变电工程部分）（2014 年版）》执行。

3.3.5 围墙变形缝设计不合理致使出现裂缝

设计阶段： 施工图设计。

问题描述： 站区围墙变形缝（沉降缝、伸缩缝）设计间距过大，围墙施工完成后，由于基础发生不均匀沉降，导致沉降缝间每段围墙中部被拉裂，裂缝呈 90°或 45°方向分布。

解决措施： 依据工程地质勘测报告，结合围墙基础填挖情况，按照《国家电网有限公司输变电工程标准工艺（六）标准工艺设计图集（变电工程部分）（2014 年版）》规定要求，围墙变形缝设置间距不大于 15m，地质条件变化处必须设置，填挖方过渡段应校核可能的不均匀沉降。

3.4 土建三维部分

3.4.1 三维部分缺少地形图及土方平衡，部分族属性错误

设计阶段： 初步设计。

问题描述： 初步设计阶段三维模型未考虑实际测绘地形，未进行土方平衡计算。建筑构件属性不全或错误。

解决措施： 导入测绘高程数据，形成站址周边的自然地形，借助第三方软件实现三维模型下的土方平衡计算。模型属性参数应按照国网要求准确填写属性参数。

4 线路电气

4.1 导地线

4.1.1 未核实旧线路的设计条件，导致导地线选型不当

设计阶段： 初步设计。

问题描述： 在改造工程中，未核实旧线路铁塔的原始设计条件和实际使用情况，在导地线选型过程中所选型号超出原铁塔设计使用条件，造成电气间隙不足或超出铁塔原设计强度，为工程带来隐患。

解决措施： 根据《输变电工程施工图设计内容深度规定　第8部分：330kV～1100kV 交直流架空输电线路》(Q/GDW 10381.8—2017) 和《输变电工程施工图设计内容深度规定　第 7 部分：220kV 架空输电线路》(Q/GDW 10381.8—2017) 有关要求，对可利用的输电线路杆塔和基础，需对其结构强度、电气性能等技术内容进行校核，满足工程需求后方可利用。

利用旧杆塔是充分发掘既有资产价值，节省建设投资的好方式，前提是必须对现有杆塔的设计使用条件进行校核，满足要求后方可利用。设计单位在初设阶段，应向旧线路的设计单位、运检单位进行收资，结合实地踏勘，建立杆塔模型，对更换导地线后的杆塔，进行杆塔荷载验算和电气间隙校验，对于超条件使用的杆塔，需要考虑补救措施，或结合系统传输容量、杆塔原始设计条件，重新进行导地线选型或调整改造方案，合理计列改造费用。

4.1.2 导线选型的技术经济比选不充分

设计阶段： 初步设计。

问题描述： 具备使用节能导线条件的工程但未采用，说明书中未做技术经济比选或比选不充分，造成全寿命周期下经济性较差，线路投资增加。

解决措施： 根据《国网基建部关于发布基建新技术目录的通知》（基建技术〔2020〕1 号）中，变电、线路适用的新技术删减至 12 项，其中 2.2 条指出："对于推广应用类技术，应参照新技术应用范围和适用条件，结合工程具体情况积极应用，不采用时应有技术经济论证材料。"《110kV～750kV 架空输电线路设计规范》（GB 50545—2010）5.0.1 规定："输电线路的导线截面，宜根据系统需要按照经济电流密度选择；也可根据系统输送容量，结合不同导线的材料结构进行电气和机械特性等比选，通过年费用最小法进行综合技术经济比较后确定。"

节能导线作为《国网基建部关于发布基建新技术目录的通知》（基建技术〔2020〕1 号）推广应用类技术，设计单位在说明书中应有专门章节或专题，严格安装规程规范要求，针对导线技术参数、配套金具、施工情况及后续运行情况，进行电气、机械性能、全寿命经济性，进行全面的技术经济比选推荐最优方案。在输送容量大、负荷利用小时数高的线路工程中优先采用。

4.1.3 导线相序错误、同名双回路线路序号错误、地线位置不对应

设计阶段： 初步设计、施工图设计。

问题描述：

（1）在线路设计过程中，未理顺线路导线接线关系、变电站同名间隔排列相对位置，导致相序错误或线路两侧变电站回路名称不对应，变电专业相序与线路专业不一致。

（2）进线构架光缆与变电站内预埋管位置不对应，间隔互换后对应间隔出线未相应调整。

（3）同塔多回路未考虑逆相序。

（4）未经多方确认，仅根据单一杆塔相序牌确定相序。

解决措施：设计过程中需根据搜资资料对线路全线相序进行现场核实，并与运检及调度部门核对好线路及变电站端相序，若相序牌标识前后矛盾或无相序标识牌，需与运行单位确认；调查旧线路相序时应同时采用收资、现场调查两种手段；同塔多回路在条件满足的情况下，需考虑逆相序。施工挂线阶段对设计相序进行一一核实，避免出现架线后由于相序不一致导致无法送电。此外，专业提资、会签应及时、有效、规范，加强专业间配合。

4.1.4 地线或 OPGW 光缆未校验短路热容量，存在安全隐患

设计阶段：初步设计。

问题描述：设计过程中未按严格规程规范要求，新建线路地线或 OPGW 光缆选型时未校验短路热容量，或未校核 π 接线路原有地线热稳定性。

解决措施：根据《输变电工程初步设计内容深度规定》（DL/T 5451—2012），在进行地线和 OPGW 光缆选型时，应进行热稳定

性校验计算。

根据变电站母线单相接地短路电流、故障持续时间和接地电阻，进行地线热稳定校验，合理选择 OPGW。OPGW 及分流地线型号、接地电阻等情况，严格计算地线热容量、分流量，检验 OPGW 短路热容量。

4.1.5　老旧线路更换光缆搜资不准确

设计阶段：初步设计。

问题描述：对于老旧线路更换光缆，前期对老旧线路搜资不准确，没有经过详细搜资确定是否可以更换，便在可研及初设阶段计列光缆更换，后期施工阶段，缺少资料无法开展设计或者复核老旧线路后不满足更换光缆的条件，因此引起变更，更换光缆型号或取消更换光缆。

解决措施：应在可研及初设阶段，详细搜资老旧线路资料，确认满足条件后方可更换。

4.1.6　"三跨"时，导线弧垂未按照+70℃计算

设计阶段：初步设计、施工图设计。

问题描述：对于新建线路工程、改造线路工程，的"三跨"段及跨越一级公路时，跨越档距超过 200m 时，最大弧垂未按照+70℃计算。

解决措施：施工图设计阶段，根据《山东省涉路工程技术规范》（DB 37/T 3366—2018）第 5.2.3.1 条，电力、通信线缆与公路路面的距离，应根据最高气温情况或覆冰无风情况求得的最大弧

垂和最大风速情况或覆冰情况求得的最大风偏进行计算。输电线路跨越高速公路、一级公路时，如档距超过 200m，最大弧垂应按导线温度+70℃计算。

4.2 电缆

4.2.1 电缆电气计算不全面

设计阶段： 初步设计。

问题描述： 设计过程中，未计算电缆载流量、感应电压、工频过电压或热稳定校验等，线路实际输送容量论证不充分，电缆截面偏大，投资增加，或截面偏小，不满足系统输送容量的要求。电缆计算未考虑电缆敷设方式、特殊敷设环境以及多回路同路径敷设的影响。

解决措施： 按《输变电工程初步设计内容深度规定　第 3 部分：电力电缆线路》（Q/GDW 10166.3—2016）9.1.1："应根据系统要求的输送容量、电压等级、系统最大短路电流时热稳定要求、敷设环境和以往工程运行经验并结合本工程特点确定电缆截面和型号。"

设计单位严格执行规程规定，完善电缆计算。结合系统远期规划，在电缆选型计算、电缆敷设方式及环境条件对电缆计算的影响的基础上，对电缆选型进行比选。

4.2.2 电缆接头选型不合理或配置不正确

设计阶段： 初步设计。

问题描述： 在电缆接头选型时，未核实既有线路电缆型式（含金属芯材质），未考虑电缆终端塔结构尺寸和电气距离，导致存在安全隐患。电缆中间接头的配置不正确、电缆金属层接地方式不合理，造成电缆线路护层感应电压不满足规程要求。

解决措施：

（1）设计要综合考虑既有线路电缆型式和铁塔结构尺寸、海拔来进行电缆接头的选型，满足运维检修时的安全距离要求。

（2）对既有电缆线路资料应采取收资和现场调查相结合的方式。

（3）合理配置电缆中间接头、选择正确的电缆金属层接地方式。

4.2.3 电缆敷设方式未充分比选，选择不合理

设计阶段： 初步设计。

问题描述： 在初设阶段，未根据电缆型号、环境特点等情况对电缆敷设方式和排列位置进行比选论证，或未根据敷设条件选择电缆蛇形敷设的设计参数，导致电缆敷设方式不合理，电能损耗和安全风险增加。

解决措施： 设计应结合工程条件、环境特点、电缆类型等因素进行电缆敷设方式的比选；对电缆蛇形敷设位置和参数的论证要充分。

4.2.4 电缆在线监测设备设置不合理

设计阶段： 初步设计。

问题描述：设计缺乏对在线监测设备安装原则、要求及作用的理解，盲目设置监测系统，或电缆综合监控系统只计列投资而方案缺失，或监测装置配置不统一，导致已安装的监测设备未起到应有的效果。设计内容深度不足，设计方案与通信现状不匹配，导致通信方案变化、投资增加。

解决措施：按《输变电工程初步设计内容深度规定 第 3 部分：电力电缆线路》（Q/GDW 10166.3—2016）第 19 部分在线监测深度要求："19.1 结合本地区智能电网建设规划，应按照'分区域、有重点'的原则安装在线监测设备。19.2 对未列入规划的新建重要电缆线路，应论述安装在线监测装置的类型及其必要性。19.3 应结合工程实际，明确在线监测系统应用范围、类型及组成（必要时绘制在线监测系统图），并针对监测装置的工作环境、布点方式、数据传输、数据处理、实施费用等进行说明。"

设计单位应按照"有规划、分区域、有重点"的原则安装在线监测设备；对工程加装在线监测系统的必要性、可靠性以及功能应进行充分论证，在线监测装置在初设阶段进行单独设计，合理计列在线监测装置费用。

4.2.5 电缆分段方案、接地设计不合理，造成电缆附件浪费、损耗增加

设计阶段：初步设计、施工图设计。

问题描述：设计未进行电缆段长计算或计算不合理；对旧电缆线路接地方式未进行充分的调查收资。在电缆分段时，未充分

考虑感应电动势、环流、段长匹配、接头位置环境、敷设方式变化及旧线路改接的影响，造成电缆损耗增加，电缆附件浪费，电缆接地方式不满足要求，影响投资效益。

解决措施：对新建电缆工程，应满足《国家电网公司输变电工程初步设计内容深度规定》（Q/GDW 10166.3—2016）中"应根据系统短路容量、电缆芯数、电缆长度和电缆正常运行情况下的线芯电流，说明电缆线路接地方式及其分段长"，合理进行分段。设计应严格执行规程规定，根据不同的电缆敷设方式和环境条件，进行电缆段长计算，选择正确的分段方式；应加强对旧电缆线路接地方式的调查和收资，调查旧线路时应采取收资和现场调查相结合的方式；接地方式的设计要综合考虑电缆路径、长度、运输等因素。

4.2.6 采用电缆下穿公路时，覆土深度不满足要求

设计阶段：初步设计、施工图设计。

问题描述：对于新建线路工程、改造线路工程，采用电缆下穿公路时，电缆套管上方覆土深度不满足要求。

解决措施：内容设计深度不足，根据《山东省涉路工程技术规范》（DB 37/T 3366—2018）第 6.3.2 条，套管顶埋深除应满足公路最小覆土深度要求（见表 4-1）外，还应满足顶管施工工艺要求的最小埋深，采用手掘式顶管、泥水平衡自动顶管施工最小埋深应不小于 1.5 倍管径，采用土压平衡自动顶管施工最小埋深应不小于 0.8 倍管径；公路两侧对应管线埋设位置，应设置醒目

的管道地面标示，注明管线名称、权属单位、埋置深度等。

表 4-1 穿越公路管线最小覆土深度

位置	最小覆土深度（m）	
	高速公路，一级公路	二级及以下公路
行车道下	2.0	1.8
非行车道下	1.2	1.0
排水边沟沟底	1.0	0.8

4.2.7 直埋电缆保护盖板不能满足要求

设计阶段：施工图设计。

问题描述：电缆穿非金属材质保护管敷设时，上覆的保护盖板不能满足工程需求，存在缺失、强度不足、宽度不足、材质不统一等问题，不能有效的保护电缆保护管免受机械外力损伤。

解决措施：内容设计深度不足，设计通常按照设计规范，要求铺设保护盖板，未能明确保护盖板的材质、宽度、位置及制作方法，造成施工单位随意施工，没有统一的指导标准来确保质量和保护范围。应根据验收规范和《国家电网公司输变电工程标准工艺》的规定，要求电缆穿非金属材质保护管敷设时，应沿波纹管顶全长加盖保护板或浇筑厚度不小于 100mm 的素混凝土，宽度不应小于管外两侧各 50mm。图纸中明确保护盖板的分块尺寸，铺设方法和做法。

4.2.8 电缆工程防火封堵不合理

设计阶段：施工图设计。

问题描述: 电缆共处空洞封堵用料不合理,工艺不能满足防火要求,存在漏堵、乱堵、不美观等情况。

解决措施: 内容设计深度不足,设计通常按照《电力工程电缆设计标准》(GB 0217—2018)注明在相应位置应防火封堵,明确了封堵的位置,但是没有细化到每处封堵的用料及方式,造成部分施工单位随意施工,混用不相宜的封堵材料,没有统一的指导标准。应将 GB 0217—2018 中"应按电缆贯穿孔洞状况和条件,采用相适应的防火材料或防火组件封堵"等条文,根据验收规范和工程实际情况,在图纸中细化明确。当贯穿孔口直径不大于 150mm 时,应采用无机堵料防火灰泥、有机堵料如防火泥、防火密封胶、防火泡沫或防火塞等封堵。当贯穿孔口直径大于 150mm 时,应采用无机堵料防火灰泥,或有机堵料如防火发泡砖、矿棉板或防火板,并辅以有机堵料如膨胀型防火密封胶或防火泥等封堵。当电缆束贯穿轻质防火分隔墙体时,其贯穿孔口不宜采用无机堵料防火灰泥封堵。防火墙及盘柜底部封堵,防火隔板厚度不宜少于 10mm。列出每一处的封堵用料及方式。

4.3 绝缘配合

4.3.1 旧线路铁塔的电气间隙核实不足

设计阶段: 初步设计、施工图设计。

问题描述: 改造工程中未对旧塔进行电气间隙校验或计算原则选取不当,造成安全隐患,影响工程实施。

解决措施： 设计单位应采取现场勘察、收集原始设计资料、对接运检收集台账等多种方式收资，根据收资的杆塔图纸绘制间隙圆；根据改造后的实际条件校验旧塔的摇摆角和电气间隙，根据校验结果，在初步设计阶段明确是否需要添加附加保证电气间隙的措施或调整改造段的工程规模，同时在施工图审查时，提供该计算结果作为备查资料。

4.4 路径

4.4.1 路径方案和交跨支撑性文件不完善

设计阶段： 初步设计。

问题描述： 协议办理过程中，协议漏取或内容不完整、表达不清晰、缺少必要附件以及协议无效。批复文件、评估报告等文件不全；遗漏地上、地下重要交叉跨越物或跨越高度取值不准确，电缆线路重要交叉跨越竖井、地下管线交叉跨越安全距离等设计不合理，工程量与实际有偏差或目实施困难，造成局部或整体路径方案成立依据不足。

解决措施： 根据近年来工程在实施阶段暴露出来的各种外部限制条件，为确保工程建设的顺利实施，工程审查前，设计单位需做到以下几点：

（1）取得规划、国土、镇政府等关键协议，并根据工程情况收取其他重要协议，协议中应包含明确的意见、公章、时效性、相关附件、人员的签字等要素。

（2）对于跨（钻）越"三跨"、普通铁路、油气管道、大型（通航）河流、城区地下管线等交叉跨越，取得对应管理单位的同意跨越意见，并明确交跨的相关要求。

（3）对于涉及生态红线、采空区、林区、矿区、通航河流、文物等情况的线路工程，要取得相关评估报告、专家意见或管理部门意见等支撑材料，作为设计方案成立及相关费用记列的依据。

4.4.2 设计深度不足，通道清理原则不明确，清理内容不完整、依据不充分

设计阶段： 初步设计、施工图设计。

问题描述： 未说明走廊清理原则、未采用合理技术手段统计清理工程量或走廊清理漏项，重大障碍物拆迁赔偿依据不足，造成走廊清理内容与实际不符、费用有偏差。

解决措施： 根据《关于在工程初步设计中进一步细化输电线路高跨设计深度的通知》（省公司建设部通知〔2016〕186号），《输变电工程初步设计内容深度规定　第5部分：征地拆迁及重要跨越补充规定》（Q/GDW 10166.5—2017）："5.3.8 对线路路径和变电站站址的成立存在制约的厂矿企业和涉及重大赔偿的障碍物，如工厂、民房等，在初步设计阶段宜采取'先签后建'的工作模式，并合理计入工程概算。5.3.9 其他需要说明的特殊项目应明确规模和数量。"《国家电网公司关于进一步规范输变电工程前期工作的意见》（国家电网基建〔2018〕64号）："对影响工程实施的重要障碍物，建设管理单位（或属地公司）应与产权人协商确定

补偿费用并签订拆迁意向协议。"

为确保主要设计人员的到岗到位，在审查时，设计单位需提供主要设计人员现场踏勘的证明材料，具体要求：

（1）带地理定位的现场数码照片、运动轨迹等到达现场的佐证材料；

（2）主要设计人员在重要跨越位置的照片，通过对接基建全过程综合数字化管理平台，进行人脸识别判定现场人员和主要设计人员是否一致；全部通过后，方可进入设计审查阶段。

在审查阶段，评审单位对于重点工程中的关键限制条件，如重要交跨、大型赔偿（拆迁、砍伐）、开断 T 接等复杂情况，需组织审查人员去现场核实方案的可行性。

此外，对于拆迁、砍伐赔偿标准，设计单位应积极向属地单位沟通，获取工程所在地的近期赔偿支撑材料：如政府赔偿标准、工程中实际发生的赔偿票据等依据。《国家电网公司关于规范输变电工程施工图预算管理的指导意见》（国家电网基建〔2017〕4 号文）中要求以工程量清单进行招标，对于遗漏的通道清理量，结算前以设计变更形式体现。

4.4.3 线路重要交叉跨越和障碍物的勘测内容不完整、不准确，造成设计漏项、安全距离、交叉角度考虑不足或错误

设计阶段： 初步设计、施工图设计。

问题描述：

（1）设计单位收资不全面，未合理控制线路与铁路、高速公路、机场、军事设施、油气管道、风电场、光伏电厂、炸药库、

采石场、临近电力线路等各类障碍物之间的安全距离，造成局部或整体路径方案不成立，引起方案变化，投资增加。

（2）勘测时对沿线重要交叉跨越及障碍物等勘测遗漏或勘测方式不到位，导致勘测内容不完整，表达不清晰。造成局部和整体的设计不准确，引起方案变更和投资增加。

解决措施： 勘测是决定设计质量至关重要的环节，设计阶段，必须将沿线重要交叉跨越和障碍物等资料收集准确，保障后续工作顺利进行。勘测应满足《输变电工程初步设计与施工图设计阶段勘测报告内容深度规定　第 2 部分：架空线路》（Q/GDW 11881.2—2018）中相关要求，采取必要的手段，逐基进行勘测。可研、初步设计阶段，甚至在施工图设计阶段，勘测设计人员调查不细致；对勘测要素辨识不足，漏标或多标主要勘测物；忘记标识跨越物信息；构架、塔位、档中等高程测量错误，档中地形高程变化未进行复勘，导致跨越距离不足；塔位坐标定位错误，造成局部的设计不准确。

（1）提高勘测设计主观责任心，深刻认识重要交叉跨越物对线路路径方案、投资的影响。

（2）加大收资力度，同时应对资料多方验证，明确掌握电力线（已建、代建和规划）、林区、公路、铁路等障碍物相关情况，全面掌握路径信息，完成重要交跨段的排位，并在说明书中明确交跨位置、交跨角度、弧垂距障碍物净空距离、塔基外边缘距被跨越物距离等信息。

（3）现场踏勘细致，沿线逐点逐位勘察，关键位置现场实测，保证不遗漏影响路径方案选择的重要交叉跨越物，获取准确交叉跨越资料，避免出现颠覆性描述。

（4）加强同走廊设计线路和运行线路的收资深度，对特殊地段进行验算，确保对临近平行线路和障碍物的风偏满足电气距离要求。

（5）根据收资结果、现场踏勘数据，综合考虑相关法律、法规和规程规范的要求，针对不同交叉跨越物采取不同合理措施，同时计列改造设施的相关措施费用，确保路径方案成立、合理。

4.4.4 路径规划不合理，未能远近结合

设计阶段： 初步设计。

问题描述： 未能充分衔接城市发展、电网规划，等进行路径选择，未综合考虑变电站进出线布置、兼顾已有和拟建线路的关系，造成线路走廊布置不合理，导致线路改造或重复跨越。

解决措施： 变电站出线规划是路径选择工作中重要的环节之一。根据《输变电工程可行性研究内容深度规定》（DL/T 5448—2012）中 3.5.1 条规定和《架空输电线路工程初步设计内容深度规定》（DL/T 5451—2012）中 4.2.1 条规定："变电站进出线布置应包含变电站进出线方向和终端塔布置、与已有和拟建线路的关系和远近期过渡方案。"

设计单位应与政府和电网规划有效衔接，设计资料中描述清楚本期线路、远期线路建设情况，根据需要体现以下内容：

（1）与前期规划有效衔接，需综合考虑本期、远期规划情况

后优化路径选择。

（2）对于能够有效减少投资的路径优化，如对于某变电站，调整间隔后，可优化一基端塔，需对接规划专业开展方案比选，讨论间隔调整的可行性；

（3）结合远期规划，对于走廊紧张地段，本期工程规模需考虑同塔多回或预留远期出线走廊。

（4）进出线布置图要包含现状、本期、远期所有进出线建设情况及终端塔位置，比例应协调。

4.4.5　较长线路路径未开展多方案比选

设计阶段：初步设计。

问题描述：路径长度较长时，直接沿用原可研设计推荐路径方案，未按照初设深度管理要求提出多个可选路径开展方案比选，造成工程投资增加，全寿命周期成本高。

解决措施：《110kV～750kV 架空输电线路设计规范》（GB 50545—2010）条文 3.0.1："路径选择宜采用卫片、航片、全数字摄影测量系统和红外测量等新技术；在地质条件复杂地区，必要时宜采用地质遥感技术；综合考虑线路长度、地形地貌、地质、冰区、交通、施工、运行及地方规划等因素，进行多方案技术经济比较，做到安全可靠、环境友好、经济合理。"

《架空输电线路工程初步设计内容深度规定》（DL/T 5451—2012）条文 4.2.2：

"2　各路径方案描述及特点，包括线路走向、行政区、沿线海拔、地形、地质、水文、地震烈度、交通运输条件、林区、矿产、微地形及微气象区、主要河流、城镇规划、风景名胜区、保护区、其他重要设施及重要交叉跨越等；

3 各路径方案对电信线路和无线电台（站）的影响；

4 说明各路径方案的房屋（含厂矿）、林木等走廊清理及重要交叉跨越等工程量，包括厂矿企业拆迁规模和数量、民房拆迁面积及主要结构类型、三线（电力线、通信线、广播线）拆迁数量、其他拆迁数量，林区长度、树木种类及砍伐数量，重要交叉跨越数量等；

5 各路径方案沿线相关的主要单位协议情况；

6 线路特殊地段及采取的处理措施；

7 各路径方案技术经济比较和论证结果；"

设计单位应加强责任心，在今后的设计工作中，设计应根据规定要求，充分认识到多方案比较的必要性、重要性，在路径方案选择时：

（1）按规范、标准深度要求，从技术经济、施工、运维多角度开展多方案路径比选，并推荐最优方案。

（2）注重积累，加强设计培训，学习优秀案例优点，点评不当案例不足之处，提升专业技术水平；加强全局观念，从全局考虑各种可行方案，并逐步合并、优化，确定合理路径。

（3）认真学习相关行业、部门政策法规，加强与相关行业主管单位的沟通，了解线路经过保护区、景区等区域应开展的工作、需采取的措施，增加可供比选的路径方案。

4.4.6 局部、重点路径未充分优化比较

设计阶段： 初步设计。

问题描述： 多次跨越同一条输电线路或高速公路的必要性说明不充分；钻越高电压等级线路时，采用钻越塔与加高改造高电压等级线路的方案比选不充分；导致方案调整，投资增加。

解决措施：《国家电网公司关于印发输电线路跨越重要输电通道建设管理规范（试行）等文件的通知》（基建技术（2015）756号）中的相关规定："第二十五条编制初步设计文件时，按照相关技术规范及设计内容深度要求，开展多方案比选，细化、优化跨越技术方案；制定跨越专项施工组织设计大纲；按相关要求计列费用。"

（1）路径选线时，应避免多次跨越同一条线路或高速公路，对于确实需要多次跨越的，应提供多个比选方案；

（2）根据《关于在工程初步设计中进一步细化输电线路高跨设计深度的通知》（省公司建设部通知〔2016〕186号），跨（钻）越高电压等级线路时，跨（钻）越方案需取得运检、调度单位的书面同意，特别是涉及500kV线路停电的工程，需要取得省运检公司对应运检分部的书面同意；

（3）避让炸药库、加油站、采石场等涉及安全、赔偿费用较多的障碍物时，需要明确障碍物的防护等级、避让距离要求。

4.4.7 施工图阶段未复核或完善路径协议，设计方案未满足前期办理协议要求导致发生设计变更

设计阶段： 施工图设计。

问题描述： 在施工图设计过程中，未了解到政府部门政策、规划有调整，进一步完善协议。路径方案微调时，未对协议进行复核。造成局部或整体路径方案不成立，引起改线，投资增加。或虽取得协议同意，但协议上未详细提出相关要求，导致后期方案变更。

解决措施： 前期对接协议，不仅仅以取得协议文件为目的，还应充分对接相关部门，了解清楚相关部门的规定，在满足协议要求的基础上开展设计工作。在施工图阶段，忽视前期协议中有关要求，未执行工程前期办理的生态红线、防洪、通航、林勘、文物等评估中的意见要求，或在施工图设计中未核实地方政策、规划是否有调整，也是设计单位常犯的错误。如某线路工程在市区内平行省道架设，虽取得公路部门协议，但在施工阶段，公路部门叫停施工，原因是杆塔距离省道边缘未满足 15m 距离要求，协议上虽同意沿道路绿化带内架设，确未规定距离道路边缘的距离，前期对接也未明确，导致施工阶段发生变更，调整方案。

设计单位应在施工图阶段检查前期协议、各类评估、评价的意见要求，核实施工图的执行情况；及时了解当前政府部门政策、规划的调整，避免因未核实协议导致的设计方案变更，或影响竣工验收，工程未能顺利投产。

4.4.8 新建变电站施工电源线路与送出线路路径冲突

设计阶段： 施工图设计。

问题描述： 对于新建变电站，当施工电源线路与送出线路为不

同的设计院设计时，如不对路径方案进行对接，易造成冲突而改线。

解决措施：应根据《输变电工程初步设计内容深度规定》（Q/GDW 10166—2017）的要求，对线路路径周边设施充分收资，并办理相关协议。特别是对于新建站，应在路径图上标出施工电源线路的路径，并充分考虑平行或交叉跨越安全距离。

4.4.9 "三跨"设计方案不合理

设计阶段：初步设计。

问题描述：没有结合现场情况、施工可实施性优化设计方案，造成多次"三跨"；未按要求合理配置图像或视频在线监测装置与分布式故障诊断装置。

解决措施：根据《架空输电线路"三跨"反事故措施》（国家电网设备〔2020〕444 号）：

"2.1 线路路径选择时，宜减少'三跨'数量，且不宜连续跨越；跨越重要输电通道时，不宜在一档中跨越 3 条及以上输电线路，且不宜在杆塔顶部跨越。

3.1 '三跨'导线应选择技术成熟、运行经验丰富的产品，地线宜采用铝包钢绞线，光缆宜选用全铝包钢结构的 OPGW 光缆。

3.2 对新建特高压线路'三跨'，跨越档内导、地线不应有接头，其他电压等级'三跨'，耐张段内导、地线不应有接头。对在运'三跨'，不满足时应进行改造，或采取全张力补强措施。

8.2 跨越高铁时应安装分布式故障诊断装置和视频监控装置；跨越高速公路和重要输电通道时应安装图像或视频监控

装置。"

设计应严格遵守《国家电网有限公司十八项电网重大反事故措施（2018 年修订版）》要求，在路径选择时，要避免多次"三跨"，必要时应给出比选方案，充分论证技术经济性；据运行经验，"三跨"区段应用的预绞式防振锤出现过磨损导线情况，2018 年版《十八项反措》要求中删除了"宜选用预绞式防振锤"的建议，可根据运行情况选择耐磨性保护和连接金具。同时应遵从"当配则配"的原则，避免漏配、多配在线监测装置；"三跨"段内耐张线夹全部进行 X 光检测。

4.4.10　线路杆塔排位不优，通用设计塔型选择不优

设计阶段： 初步设计。

问题描述： 输电线路杆塔档距使用偏于保守，杆塔呼高较高，导致工程单公里塔材使用量偏高，从而增加工程投资。

解决措施： 对于国家电网公司通用设计中杆塔的使用，应按照线路路径实际情况，合理选择杆塔位置，合适选择塔型，合理选择杆塔呼高，既满足线路对于被跨越物的跨越要求，又合理化工程技术方案。

4.5　其他

4.5.1　多专业、多单位间配合不到位，导致设计方案不合理或设计变更

设计阶段： 初步设计、施工图设计。

问题描述：线路电气、线路结构、变电土建、变电一次、系统、通信、技经等专业间提资配合；或多家设计单位之间协调配合不足；或涉及迁改的设备，设计与迁改设施的业主、市政、电厂单位等未及时沟通。造成电缆线路接入错误间隔、新建变电站施工电源线路与送出线路路径冲突、出线交叉、走廊紧张、方案改变，引起投资增加，工期延长。

解决措施：设计单位应加强内部管理，各专业引用或涉及其他专业内容的部分，需以互提资料单并签字为准，严格不同设计阶段的提资确认；对涉及外部单位配合的部分，应取得外部单位书面的提资资料，并在正式出图前再次确认。业主单位对于涉及市政、火电厂送出、抽水蓄能电厂送出、电铁牵引站等工程或同一工程多家设计单位时，要及时组织相关参建单位明确工作范围，明确线路起始位置、接头点的分界、接入对侧站址的间隔、相序等问题，确保收到配合单位的正式提资，并在开展施工图设计时再次确认。

4.5.2 大额费用缺乏详细的技术方案支撑

设计阶段：初步设计。

问题描述：对于线路在鱼塘、水域等内立塔的工程，需要搭建施工平台，修筑施工道路，土方工程量较大，涉及费用较高，未进行详细的技术方案论证。

解决措施：设计单位现场详勘时，应尽量减少在水域立塔，明确其中的塔型、呼高；结合具体塔位位置及周边道路情况，详细勘测；对施工道路的修筑长度及高度等方案进行精确计算，可利用道路按照拓宽处理；结合施工方案，确定合理的杆塔施工平台处理方案，优化筑岛修路土方工程量。

4.5.3 机械化施工设计深度不足

设计阶段： 初步设计。

问题描述： 设计方案未能针对机械化施工进行优化，概算编制存在偏差。

解决措施： 根据工程的地形地质特点，结合沿线交通运输条件，逐基梳理塔位采用机械化施工的可能性；形成机械化施工研究专题，对基础、接地、杆塔组立及导地线架设等的机械化施工方案进行策划，针对机械化施工优化改进设计方案，以保证施工图阶段机械化施工能够顺利实施。

4.5.4 施工组织设计大纲深度不足

设计阶段： 初步设计。

问题描述： 施工组织设计大纲未结合工程实际情况。

解决措施： 加强现场勘测调查力度：现有道路及桥梁情况、塔基地形地貌；编制临时道路修建方案、余土外运方案；与施工单位交流，针对性地确定材料运输、施工方案、机具配置等关键要素。确定合理可行的施工工程量，切实提高施工组织设计大纲深度。

4.5.5 防舞设计方案不当

设计阶段： 初步设计。

问题描述：未充分收集路径沿线已建线路的运行资料，对微地形微气象的现场收资深度不足，在易发生舞动地区对防舞分析不充分，未采取相应措施。致使线路舞动，造成短路或断线故障，影响线路的安全运行。

解决措施：设计单位应加强对现有线路舞动情况、防舞措施和治理成果的调研、分析，严格执行规范要求，充分收集资料，分析防舞措施及其效果，确定防舞措施。并在说明书中表述清楚调整微地形微气象舞动等级的原因和依据。

4.5.6　设计方案停电过渡方案考虑不充分

设计阶段：初步设计。

问题描述：

（1）在工程设计的老旧线路改造、一档跨越多回线路、间隔倒接等情况下，缺少临时过渡方案、停电计划或交叉跨越情况及跨越方式不明确，未分析停电施工对系统造成的影响及时间等问题，造成最终方案无法实施。

（2）同塔双回线路π接工程要求老线路施工时采用轮停方案。设计方案未考虑带电作业距离造成施工轮停方案不可行。在部分重要线路、或工期特殊的工程，被跨越线路难以停电，导致无法施工。

解决措施：根据《国家电网有限公司输变电工程初步设计内容深度规定》（Q/GDW 10166.8—2017）规定，为保证工程顺利实施，对改扩建工程应提出过渡方案。在初设阶段应注意以下事项：

（1）设计方案应充分考虑带电作业距离，必要时要在说明书的施工组织措施专章中提供临时过渡方案。

（2）业主提供的初设内审会议纪要，需要明确施工运行调度等各方的设计方案审查意见。

（3）涉及电力线路交叉跨越（钻越），应避免全站停电，综合考虑停电可能性及电网停电风险、施工安全风险、投产后运行风险等，在说明书中进行多方案比较论证，重点论述停电期间的负荷转供情况，明确过渡阶段施工实施方案，根据实际情况考虑临时过渡费用。

（4）评审停电过渡方案时，应取得调度、运行等部门的书面确认，作为停电过渡方案可行的依据。

4.5.7 基建新技术使用不当

设计阶段：初步设计。

问题描述：线路工程符合使用基建新技术的条件，但未采用；或不符合使用条件时，强行使用；或使用时简单罗列新技术名称，未具体分析方案及费用。

解决措施：根据《国网基建部关于发布基建新技术目录的通知》（基建技术〔2020〕1 号），2.2 条，"对于推广应用类技术，应参照新技术应用范围和适用条件，结合工程具体情况积极应用，不采用时应有技术经济论证材料。"

设计单位应积极了解基建新技术发展动态，并定期培训学习；在设计过程中使用新技术应详细论述应用方案并列支合理费用；

对于满足适用条件但未采用的新技术，设计说明书中应有专章或专题进行技术经济论证。

4.5.8 气象条件取值论证不充分

设计阶段：初步设计。

问题描述：

（1）直接将单次极端气象条件作为设计依据或全线、局部简单提高设计风速取值或覆冰厚度，未提供相关论述资料，造成工程投资增加。

（2）对微地形微气象区的论证不充分，未明确需要采用的加强措施或说明进行避让的情况，导致局部实际风速、覆冰条件超出设计条件，或过度提高设计标准。

解决措施：根据《110kV～750kV 架空输定电线路设计规范》（GB 50545—2010）4.0.1 条，"设计气象条件应根据沿线气象资料的数理统计结果及附近已有线路的运行经验确定。基本风速、设计冰厚重现期应符合下列规定：750kV、500kV 输电线路及其大跨越重现期应取 50 年；110kV～330kV 输电线路及其大跨越重现期应取 30 年。" 4.0.4 条："110kV～330kV 输电线路的基本风速不宜低于 23.5m/s；500kV～750kV 输电线路的基本风速不宜低于27m/s。必要时还宜按稀有风速条件进行验算。"

4.5.9 设计文件中引用的设计规范、强条、标准工艺缺失、过期

设计阶段：初步设计、施工图设计。

问题描述：设计文件中引用的规范、标准依据、强制性条款过期、废弃，设计文件中缺失最新的施工标准工艺，缺少"特殊情况"的注意事项的说明。

解决措施：设计深度不足，设计单位需要加强初设、施工图设计深度要求的学习，及时更新设计规范、强制性条款、标准依据、施工标准工艺。

4.6 三维设计

4.6.1 线路三维建模深度不足

设计阶段：初步设计。

问题描述：线路三维建模深度不足，存在进出线未体现，电缆部分管线交叉情况未体现，电缆终端上塔情况未体现、三维模型配色及属性定义不规范等情况。

解决措施：按照《输变电工程三维设计技术导则》（Q/GDW 11798.2—2018）、《输变电工程三维设计建模规范》（Q/GDW 11810.2—2018）深度要求，补充完善三维模型，模型建模深度、配色原则、属性定义等应符合 Q/GDW 11810.2—2018 相关要求。

4.6.2 通道三维地理信息数据深度不足

设计阶段：初步设计

问题描述：基础地理信息数据、输电线路通道数据、工程测量数据等数据不完整，线路通道三维地理模型建模与现场实际存在偏差,造成通道清理工程量自动统计不准确。

解决措施: 按照 Q/GDW 11798.2—2018 和 Q/GDW 11810.2—2018 深度要求,结合现场踏勘和工测数据,补充完善线路通道三维地理模型数据,提高走廊清理工程量统计准确性。

5 线路结构

5.1　线路勘察部分

5.1.1　岩土工程勘测资料中地层岩性或地下水等内容深度不足

设计阶段：初步设计、施工图设计。

问题描述：岩土工程勘测资料中地层岩性、地下水常年最高水位、地下水和地基土腐蚀性等内容深度不足，对工程技术方案和基础工程量影响大，具体体现如下：地质分层描述不准确，导致施工过程中设计变更较多；地下水位情况不准确，引起基础工程量变化或方案变化；地基土、地下水腐蚀性评价依据不充分，结论不准确，使工程存在安全隐患。

解决措施：岩土工程勘测资料是支撑技术方案的重要资料，对工程量及工程投资影响很大，必须准确地反映地层岩性、地下水等地质情况。《35kV～220kV 输变电工程初步设计与施工图设计阶段勘测报告内容深度规定　第 2 部分：架空线路》（Q/GDW 11881.2—2018）中第 4.1.2 节和第 5.1.2 节分别对初步设计阶段和施工图阶段岩土工程勘测报告中地层岩性、地下水条件及水土腐蚀性的勘测深度进行了要求。《110kV～750kV 架空输电线路施工图设计内容深度规定》（DL/T 5463—2012）4.11.1 条中规定工程地质报告应包含的内容，勘察单位应着力加强地质专业的勘察深度，严格执行规程规范及相关工程技术文件的要求，以满足工程设计的需要。

5.1.2 岩土工程勘测资料中对特殊性岩土和不良地质内容深度不足

设计阶段：初步设计、施工图设计。

问题描述：岩土工程勘测资料中对线路路径内特殊性岩土（如软土、黄土、填土、膨胀土、盐渍土、冻土）和不良地质（岩洞、土洞、滑坡、泥石流、冲沟、采空区等）的勘测深度不足，对工程技术方案和线路路径方案影响大，具体如下：导致施工阶段工程量发生较大变化；路径方案发生重大调整；结论不准确使工程存在安全隐患等。

解决措施：勘测应严格按照相关深度要求编写勘测报告，对线路沿线的特殊性岩土和不良地质详细收资勘测。《35kV～220kV输变电工程初步设计与施工图设计阶段勘测报告内容深度规定第2部分：架空线路》（Q/GDW 11881.2—2018）中第6、7章等有关特殊岩土及不良地质作用有关要求，说明特殊性岩土、不良地质作用的类别、范围、性质，评价其对工程的危害程度，提出避让或整治对策建议。

5.1.3 水文气象勘测资料对工程气象勘测深度不足，引起技术方案发生较大变化或给工程留下安全隐患

设计阶段：初步设计、施工图设计。

问题描述：水文气象报告中勘测资料深度不足，不足以支撑设计方案，造成技术方案较大变化或给工程留下安全隐患，具体体现如下：未能准确收集线路沿线大风、覆冰等气象资料；缺少

对局部微地形、微气象区的判断。气象资料不准确严重影响工程的技术方案、工程投资和工程本体安全。

解决措施： 线路工程气象资料是工程技术方案的重要支撑资料，对于设计的风区和冰区等参数的选取，工程杆塔设计模块的选择起到重要的作用，影响工程的设计技术方案、工程量及工程投资影响很大。《35kV～220kV 输变电工程初步设计与施工图设计阶段勘测报告内容深度规定　第 2 部分：架空线路》（Q/GDW 11881.2—2018）中第 4.2.3 节和 5.2.3 节对初步设计阶段和施工图设计阶段的工程气象勘测深度进行了规定。

5.1.4　水文气象勘测资料对工程水文勘测深度不足，引起技术方案发生较大变化或给工程留下安全隐患

设计阶段： 初步设计、施工图设计。

问题描述： 水文资料深度不足，不足以支撑设计方案，导致投资不准确或给工程留下安全隐患，具体体现如下：工程水文勘测深度不满足要求，所涉及河流、湖泊、水库等水体的水文条件调查不充分，导致后期实施阶段基础工程量变化；河滩立塔时未进行冲刷深度等水文计算，设计洪水位、最大内涝积水区塔位未提供内涝水位分析成果，设计方案不能准确考虑内涝影响，导致投资不准确或给工程留下安全隐患；内涝积水区塔位未提供内涝水位分析成果，设计方案不能准确考虑内涝影响，导致投资不准确或给工程留下安全隐患。

解决措施： 工程水文资料是支撑技术方案的基础，对工程技

术方案、工程量及工程投资影响很大，尤其是水位高程、冲刷深度、内涝水位等重要结果必须准确。《35kV～220kV 输变电工程初步设计与施工图设计阶段勘测报告内容深度规定 第 2 部分：架空线路》（Q/GDW 11881.2—2018）中第 4.2.2 节和第 5.2.2 节等对工程跨越水体水文条件和内涝积水区等内容进行了规定，勘测时应说明线路跨越水域的水文情势和沿线的水利工程和规划情况，说明线路工程建设与水利管理或水利规划的相符性。

5.1.5 地下障碍物资料不准或不详细

设计阶段：初步设计、施工图设计。

问题描述：地下障碍物是决定线路工程能否顺利实施的一个重要因素，对工程技术方案、工程量和线路路径影响大，具体体现如下：

（1）地下矿藏详细情况不准确，不能提供准确的地下管线资料，忽视地埋光缆、燃气管线等障碍物。

（2）地下矿藏等勘察不详细，资料不准确。

（3）施工图阶段未对初设时做的地下管线数据进行复验，没有对变化的管线及时进行增补。

（4）部分线路未做地下物勘察，主要资料来自相关部门收资。

解决措施：勘测资料的深度对设计成品的质量起着重要支撑作用，应着力加强勘测各专业的勘察深度，对线路沿线的主要地下管线、矿藏等向相关部门进行收资，采用综合物探方法进行地下物勘察，确保对沿线地下障碍物的勘测不缺不漏、准确无误，

以满足施工图设计相关要求。

5.2 基础

5.2.1 基础配置与塔位地形不吻合

设计阶段： 施工图设计。

问题描述： 在山区、丘陵等存在地形起伏的工程中，设计人员未根据塔位地形实际情况进行基础配置，引起基础、地表及铁塔高低腿配合出现问题，具体如下：

（1）地形略有起伏的塔位，未进行塔腿位置地面高程测量，未根据实际地形进行四腿基础露头配置，施工完成恢复原地貌后部分基础露头不足或部分基础露头过高存在安全隐患。

（2）基础立柱未能露出地表或者露头过大，造成基面额外开方、平地挖坑、运维困难。

（3）高低基础配置与杆塔高低腿不匹配。

（4）塔位处于耕地时，基础露头取值过小，未考虑到施工完成后，塔位附近堆放弃土引起的地面标高的变化，容易向基础汇水。

解决措施： 设计应充分了解塔基础地形情况，针对性配置杆塔高低腿型式以及基础露出高度，充分利用高低基础和高低腿型式，减少对环境的破坏，避免过多开方及高低腿基础与塔腿高低不对应等问题。根据《输变电工程施工图设计内容深度规定》（Q/GDW 10381—2017）中有关基础配置与塔位地形的要求，设计应结合杆塔接腿配置、基础型号、基础根开、基础柱顶高程、基础与天然地面高程等信息，合理配置基础。基础配置时应以测量的地形图为主同时配合塔位照片，避免过多开方及高低腿基础与塔腿高低不对应问题，基础顶面高程设计时需考虑塔基位堆放弃土引起的地面标高变化。

5.2.2 基础选型未进行论证、比选，造成投资浪费

设计阶段： 初步设计、施工图设计。

问题描述： 设计未根据工程实际地质、水文、地形情况，对基础型式进行技术经济比选，无法判定所用基础型式的技术经济合理性。

解决措施： 基础的型式选择对于输电线路方案的合理性尤为重要，应充分结合水文、地质、地形等情况，选择适合的型式，并尽量减少对环境的破坏。根据《国家电网公司输变电工程初步设计内容深度规定 第 1 部分：110（66）kV 架空输电线路》（Q/GDW 166.1—2010）12.2.2 条、《输变电工程初步设计内容深度规定 第 6 部分：220kV 架空输电线路》（Q/GDW 10166.6—2016）13.2.2 条、《输变电工程初步设计内容深度规定 第 7 部分：330kV～1100kV 交直流架空输电线路》（Q/GDW 10166.7—2016）13.2.2 条，有关基础选型要求，设计人员应综合线路沿线地形、地质、水文条件以及基础作用力，因地制宜选择适当的基础型式，优先选用原状土基础。说明各种基础型式的特点、适用地区及适用杆塔的情况。设计人员熟练掌握各常用基础型式的技术特点，

运用技术经济分析方法确定工程适用的基础型式。

5.2.3　未按照地脚螺栓管控有关要求采用地脚螺栓规格

设计阶段：初步设计、施工图设计。

问题描述：地脚螺栓是连接下部基础和上部杆塔的重要构件，对于线路工程结构安全起到重要作用，因不重视地脚螺栓的使用引发多起安全事故。为强化地脚螺栓全过程管控，国家电网基建〔2018〕387号文，但工程中仍然存在不满足文件要求的情况，主要表现如下：

（1）地脚螺栓的规格未在文件规定的序列之内。

（2）同一工程中同规格地脚螺栓未选用同一性能等级、同一材质，该现象在同时使用钢管杆和角钢塔进行线路架设的工程中尤为常见。

（3）地脚螺栓和螺母的性能等级、材质或配合不满足文件和规范的要求。

（4）调整地脚螺栓规格后，未对塔脚板上地脚螺栓的孔径、孔间距、孔边距、塔脚板厚度等进行修改，导致杆塔组立时塔脚板安装不上或塔脚板强度不足存在安全隐患等。

解决措施：设计单位应认真学习国家电网基建〔2018〕387号文的文件要求，严格执行国家电网基建〔2018〕387号文要求：

"第三条　根据工程应用等实际情况，按照增大级差、减少规格序列的原则，地脚螺栓应选用M24、M30、M36、M42、M48、M56、M64、M72、M80、M90、M100等规格。

第四条　输电线路工程设计时，应尽量减少地脚螺栓材质种类，同一工程中同规格地脚螺栓应选用同一性能等级、同一材质，同一基杆塔应选用同一规格的地脚螺栓。

第七条　设计承包商要严格依据《输电杆塔用地脚螺栓与螺母》（DL/T 1236）、《钢结构设计规范》（GB 50017）等标准规范的要求选型设计。在地脚螺栓加工图等设计文件中，要注明地脚螺栓性能等级等必备信息，明确地脚螺栓的螺杆与螺母使用同一螺距系列，且螺母的性能等级不应低于相配的地脚螺杆的性能等级。

第九条　设计承包商在输电线路工程中应用杆塔通用设计时，依据《输电线路铁塔制图和构造规定》（DL/T 5442）的要求，核实地脚螺栓规格，校核塔脚板上的地脚螺栓孔径、孔间距、孔边距等尺寸。当需要增大地脚螺栓孔间距时，应校核塔脚板厚度是否满足要求，并修改与塔脚板相关的图纸。"

5.2.4　地震设防区，液化地基处理措施不合理

设计阶段：初步设计、施工图设计。

问题描述：设计未对Ⅷ度及以上地震设防烈度区杆塔地基液化进行相应的判断处理，主要包括：

（1）勘测报告未对Ⅷ度及以上地震设防烈度区可能存在液化的地基未进行液化判别。

（2）耐张塔基础消除液化的措施未进行方案比较。

（3）采用灌注桩消除液化的方案中荷载组合采用正常运行工

况的最大作用力计算，基础工程量较大。

解决措施： 勘测专业应根据《220kV 及以下架空送电线路勘测技术规程》（DL/T 5076—2008）9.2.7 条及《330kV～750kV 架空送电线路勘测规范》（GB/T 50548—2018）第 18.6.1 条等规程规范的要求，加强勘测工作深度，对于Ⅷ度及以上地震设防烈度区可能存在液化的地基应进行液化可能性及其等级的判别。设计应按照《架空输电线路基础设计技术规程》（DL/T 5219—2014）中 3.0.13 条要求对需考虑地基液化的杆塔采取必要的稳定和抗震措施，对需采取液化地基处理的塔基础应结合地基条件对消除液化的措施进行多方案比选，液化地基处理方案中应采用地震工况荷载组合的基础作用力参与计算。

5.2.5 基础防腐设计方案缺乏论证，存在安全隐患

设计阶段： 初步设计、施工图设计。

问题描述： 存在腐蚀性地区，未根据工程实际情况采取相应技术措施，为工程安全可靠运行埋下了安全隐患，具体体现为：未根据腐蚀介质的性质有针对性地采取防腐措施；未针对不同基础型式采取有针对性的防腐措施。

解决措施： 线路基础应根据地勘资料对土质和水质腐蚀性评价结果，结合工程实际情况进行防腐蚀性措施的选择，以确保输电线路的安全稳定性。根据《输变电工程初步设计内容深度规定第 6 部分：220kV 架空输电线路》（Q/GDW 10166.6—2016）13.2.4 有关基础技术要求，线路通过软地基、湿陷性黄土、腐蚀性土、

活动沙丘、流砂、冻土、膨胀土、滑坡、采空区、地震烈度高的地区、局部冲刷和滞洪区等特殊地质地段时，应论述采取的措施。《输变电工程施工图设计内容深度规定 第 7 部分：220kV 架空输电线路》（Q/GDW 10381.7—2017）8.4 节基础施工说明应包括不良地质条件地段的地基和基础处理措施，基础防护措施、处理方案（其他电压等级线路工程深度规定要求基本相同）。设计应在总结已有线路工程建设和运行经验的基础上，结合工业建筑防腐蚀设计规范等相关设计标准提出合理的防腐方案；结合线路特点，应针对不同基础型式制订相应防腐方案。

5.2.6 地脚螺栓材质选择错误，标识缺少或不正确

设计阶段： 施工图设计。

问题描述： 地脚螺栓加工图中未明确地脚螺栓、螺母的性能等级或出现与《输电杆塔用地脚螺栓与螺母》（DL/T 1236—2013）规范不一致的地脚螺栓、螺母的材质（如出现性能等级 6.8 级材质），导致在做地脚螺栓试验时缺少相关规范依据。部分工程中地脚螺栓加工图中，未对地脚螺栓、螺母的标记和标识进行规定，导致不同供货厂家的地脚螺栓或螺母未做标记和标识、标记和标识不统一或标记和标识混乱。

解决措施： 设计应根据《输电杆塔用地脚螺栓与螺母》（DL/T 1236—2013）规范第 5.3.1 条表 8 和 5.3.2 条表 9 对地脚螺栓、螺母明确地脚螺栓的性能等级，并依据规范规定材料进行选取，避免出现其他性能等级的地脚螺栓材质。设计应按照 DL/T 1236—

2013 5.1 节和 5.2 节，将地脚螺栓、螺母的性能等级标记、标识方式在设计图纸中明确，规范统一地脚螺栓、螺母的性能等级标记、标识方法。

5.2.7 杆塔基础钢筋笼尺寸与地脚螺栓不配合

设计阶段： 施工图设计。

问题描述： 设计未考虑地脚螺栓弯钩或锚板外伸尺寸，地脚螺栓弯钩或锚板外伸超出杆塔基础立柱钢筋笼，导致基础地脚螺栓不能正确安装。

解决措施： 在设计基础时，设计应校核基础立柱钢筋笼和地脚螺栓的间距，保证地脚螺栓与立柱钢筋笼不发生碰撞，确保基础工程的顺利施工。

5.3 杆塔

5.3.1 线路改接老线路杆塔时直接利用老塔，存在安全隐患

设计阶段： 初步设计、施工图设计。

问题描述： 在对线路改造或改接已有线路时，设计单位未对利用旧塔进行结构强度及电气间隙校验，无法确定其安全可靠性，存在安全隐患。

解决措施： 杆塔利旧是充分发掘既有资产价值，节省建设投资的好方式，但必须对原有杆塔的设计使用条件进行校核，满足要求后方可利用，否则会给工程带来安全隐患。根据《输变电工程施工图设计内容深度规定　第 8 部分：330kV～1100kV 交直流

架空输电线路》（Q/GDW 10381.8—2017）和《输变电工程施工图设计内容深度规定 第 7 部分：220kV 架空输电线路》（Q/GDW 10381.8—2017）有关要求，对可利用的输电线路杆塔和基础，需对其结构强度、电气性能等技术内容进行校核，满足工程需求后方可利用。

5.3.2 选用钢管杆不合理

设计阶段：初步设计、施工图设计。

问题描述：不能采用通用设计模块杆塔的工程中，部分设计人员为方便电气间隙校验和杆塔结构强度校验，选择使用钢管杆而不用角钢塔，导致杆塔材料量增加，引起工程造价增加，具体体现为：

（1）角钢塔架设的线路在电缆引下时，设计未选择角钢塔，而采用与角钢塔导地线安全系数一致的电缆终端钢管杆，导致杆塔重量增加较多。

（2）立塔位置不受限、规划等政府部门无明确要求架设角钢塔的工程，线路全线使用钢管杆架设，杆塔重量较大，工程造价大幅增加。

解决措施：设计单位应根据现场立塔位置及政府相关部门的意见，结合工程实际情况，在可以架设角钢塔的塔位设计角钢塔，减少钢管杆数量，降低线路全线杆塔的总重量，既保证线路的安全可靠，又可减少工程造价。

5.3.3 钢管杆设计优化不足，单基塔重过高

设计阶段：初步设计、施工图设计。

问题描述： 钢管杆线路工程，设计对钢管杆优化设计深度不够，单基塔重过高，造成耗钢量较大。

解决措施： 设计应根据钢管杆工程实际情况开展优化设计，对钢管杆材质、壁厚、锥度、梢径、截面形状、杆段划分等进行优化设计选择，保证结构安全，最大限度地节约钢材，降低单基杆塔重量。

5.3.4 钢管杆工程未进行技术经济比较，线路杆塔用钢量过大

设计阶段： 初步设计、施工图设计。

问题描述： 对采用非通用设计的钢管杆工程，设计对钢管杆设计导地线安全系数、钢管杆档距规划等设计优化深度不够，导致工程钢管杆整体用钢量大，工程造价增加。

解决措施： 对采用非通用设计设计的钢管杆工程，线路电气专业和线路结构专业应协同配合，结合线路实际跨越地形地物、杆塔排位情况等因素，对采用不同导地线安全系数、多种规划档距的钢管杆进行试算对比，通过技术经济分析比较，选择最合理的钢管杆规划设计条件，在保证工程本体安全的同时，降低工程整体杆塔钢材用量，减少工程造价。

5.3.5 未结合工程实际条件选择合理的杆塔通用设计模块，造成投资浪费或工程安全隐患

设计阶段： 初步设计、施工图设计。

问题描述： 杆塔采用国家电网通用设计模块塔型后，设计单位未根据线路实际风速、覆冰、导地线型号等条件与通用设计杆

塔模块的符合性进行论述,缺少必要的结构说明内容,"以大代小"存在设计裕度过大或 "以小代大" 存在安全隐患等问题。

解决措施： 设计单位应根据风速、覆冰、导地线型号等条件与通用设计模块进行比选选取。在具体工程设计时,应重点论述所采用模块杆塔与工程实际情况的相符性,避免"以大代小"或"以小代大"等情况的发生。当没有适宜通用设计模块时,若通用设计模块与工程实际条件差异较小时,设计单位应根据风速覆冰等条件开展杆塔使用条件折算,核算塔材工程量；差异较大时,则应依据通用设计原则重新设计校核杆塔。

5.3.6 "三跨"段杆塔未进行校验或重新设计

设计阶段： 初步设计、施工图设计。

问题描述： "三跨"段线路发生故障会严重影响重要输电线路的运行、高速公路和高速铁路的通行安全,工程中存在部分结构设计人员在"三跨"段杆塔设计时,未按"十八项反措"规定对杆塔进行特殊设计或校验。

解决措施： 设计应严格执行《国家电网有限公司十八项电网重大反事故措施（2018 年修订版）》的规定。根据第 6.8.1.5 条规定,"三跨"应采用独立耐张段跨越,杆塔结构重要性系数不低于1.1,6.8.1.6 条规定,对 15mm 及以上冰区的特高压"三跨"和 5mm 及以上冰区的其他电压等级"三跨",导线最大设计验算覆冰厚度应比同地区常规线路增加 10mm,地线设计验算覆冰厚度增加15mm。

5.3.7 舞动区杆塔防舞措施不足

设计阶段： 初步设计、施工图设计。

问题描述： 架空输电线路导线发生舞动会严重影响线路的运行安全，线路舞动对杆塔结构的机械损伤主要包括螺栓松动、脱落，金具、绝缘子损坏，导线断股、断线，塔材、基础受损，甚至倒塔。设计时应充分考虑舞动对杆塔的影响，并采取相应的措施。

解决措施：《架空输电线路防舞设计规范》（Q/GDW 1829—2012）中第 9 章对杆塔的横担设计、杆塔型式、杆塔构造和杆塔防松措施，第 10 章对 3 级舞动区的基础设计进行了规定。《国家电网有限公司十八项电网重大反事故措施（2018 年修订版）》第 6.5.1.1 条规定：2 级及以上舞动区不应采用紧凑型线路设计，并采取全塔双帽防松措施。设计应严格执行《架空输电线路防舞设计规范》和《十八项反措》的要求，保证舞动区杆塔结构的安全。

5.4 电缆

5.4.1 电缆工程隧道施工工法论证不充分，推荐的施工工法缺乏依据

设计阶段： 初步设计。

问题描述： 电缆工程的施工方案没有经济技术对比，对施工方案的选择及可行性论证较少，无法判断所推荐施工工法是否为最优选择，影响工程造价。

解决措施：电缆隧道的工法选择对于电缆隧道工程投资影响很大，在确定最终施工方案前应进行充分的分析比选，以达到安全适用、技术先进、经济合理、确保质量的目的。根据《输变电工程初步设计内容深度规定　第3部分：电力电缆线路》（Q/GDW 10166.3—2016）中15.3条有关施工通道的要求，应对电缆通道施工方式进行多方案比较，提出推荐方案。设计应根据路径沿线构建筑物情况、地质水文情况以及地下管线等障碍物情况；论证管线可搬迁及采取保护措施的可行性；对明开挖方式、暗挖方式、顶管方式、盾构方式等施工方式进行技术经济比较；其他路径方案的技术可行性和经济性等方面，选择最优方案。

5.4.2　电缆工程回填质量不能满足工程要求

设计阶段：施工图设计。

问题描述：在电缆工程中，设计未对电缆敷设和电缆构筑物建设完成后的基坑回填方案进行细化要求，缺乏统一的指导标准，导致施工单位随意施工，未能充分压实或使用建筑垃圾等不合格回填料回填等，回填质量不能满足要求。电缆工程施工完成后，特别是遭遇降强雨天气时，有地面沉降、塌陷、电缆保护管下沉受剪、硬物滑移甚至割伤电缆保护管等问题出现，影响线路的运行安全。

解决措施：设计单位应根据验收规范和《国家电网公司输变电工程标准工艺》的规定，结合工程电缆敷设方式及现场实际土质情况，在设计文件中明确电缆基坑回填料的土质类型、粒径等

关键参数，明确电缆基坑夯实的工艺要求（如压实系数、分层夯实要求等）。

5.5 附属设施

5.5.1 鱼塘围堰、施工便道等工程量估算不准

设计阶段： 初步设计。

问题描述： 对于河网、湖区、池塘、滩涂等需填土修筑临时道路或围堰筑岛的塔位，初步设计现场勘测时对现场地形了解不够，施工方案设计考虑不周全，计列的临时道路工程量与施工图阶段所需的工程量相差较大。

解决措施： 对线路沿线经过河网、湖区、池塘、滩涂等地的工程，初步设计阶段选择塔位时应尽可能避开河网、湖区、池塘、滩涂等不利地段。外业前设计人员应在卫星地图上初选临时道路修筑的路径方案，踏勘时应对关键塔位现场核实，核实记录关键塔位施工的交通状况及施工条件，充分了解塔位地质、水文、地形情况，详细记录现场的影音图像数据，对施工临时道路或围堰筑岛等对投资影响较大的施工方案应在初设文件中进行详细论述，多方案比选，以控制工程量和工程精准投资。

5.5.2 塔基护坡、排水沟等水土保持措施不到位，存在安全隐患

设计阶段： 施工图设计。

问题描述： 山区、丘陵有较大高差等地形的输电线路工程中，

设计单位提交的技术方案没有护坡、堡坎、排水沟等杆塔基础防护附属设施的说明，或者提供的设计方案不合理，影响工程后期的安全稳定运行。

解决措施：山区、丘陵有较大高差等地形的输电线路工程中，应特别重视护坡、堡坎、排水沟等附属设施的设计，这些措施是保证杆塔塔基稳定、线路安全运行的重要基础，设计单位应结合现场实际地形情况合理采用。根据《输变电工程施工图设计内容深度规定 第 8 部分：330kV～1100kV 交直流架空输电线路》（Q/GDW 10381.8—2017）、《输变电工程施工图设计内容深度规定 第 7 部分：220kV 架空输电线路》（Q/GDW 10381.7—2017）和《输变电工程施工图设计内容深度规定 第 4 部分：110（66）kV 架空输电线路》（Q/GDW 10381.4—2017）等有关要求，说明塔基的排水处理方式，边坡的保护要求及措施等，告知施工单位注意的事项和施工要点。对于关键塔位的现场踏勘，设计人员应通过文字、影像等方式记录塔位现场实际地形地貌等情况，提高现场勘测深度，在设计文件中应明确基础堡坎、护坡、排水沟等塔位水土保持措施的修筑规格及位置等，保证杆塔地基稳定。

5.5.3 缺乏塔基基面整理，弃土堆放等设计内容

设计阶段：施工图设计。

问题描述：缺乏塔基基面整理，弃土堆放等设计内容。

解决措施：应根据《国网基建部关于发布 35～750kV 输变电工程设计质量控制"一单一册"（2019 版）的通知》（基建技术

〔2019〕20 号）和输电线路工程水保、环保措施要求，进一步完善线路设计内容，明确弃土堆放、表土剥离内容。弃土处理应结合工程实际情况，在不同的地区、不同的地形地貌，因地制宜采取不同的处理措施。例如对于位于平地、农田、位于经济作物林的塔位等保证基础外露高度大于 200mm，便于施工弃土在塔基征地范围内堆放，避免占用农田造成二次征地。弃土堆放成龟背型，以防止积水。对塔位地形坡度较小的坡地，将弃土在塔位范围及附近区域就地摊薄。对于部分塔位地形较陡且附近无合适的弃土堆放位置的塔位，会同岩土专业选择位置修筑弃土保坎，根据弃土的方量，计算应修筑保坎的高度及长度，并逐基注明，对塔位附近没有合适的修筑挡墙的位置，应将弃土外运。

5.6　三维设计

5.6.1　线路结构部分三维设计深度不足

设计阶段：初步设计。

问题描述：线路结构三维设计中存在以下设计不足的情况：杆塔外形尺寸与实际使用不符，铁塔基础尺寸与实际不符，三维设计模型中材料量与实际设备材料清册不一致，三维模型中缺少部分工程测量数据，缺少机械化施工的施工范围、道路修筑、材料站设置等三维设计方案。

解决措施：设计单位应保证设计文件内容深度满足《国家电网公司输变电工程初步设计内容深度规定》（Q/GDW 10166）系

列标准、《输变电工程三维设计技术导则》（Q/GDW 11798）系列标准、《输变电工程三维设计模型交互规范》（Q/GDW 11809）、《输变电工程三维设计建模规范》（Q/GDW 11810）系列标准、《输变电工程数字化移交技术导则》（Q/GDW 11812）系列标准等文件的要求。三维设计模型坐标系统、度量单位、建模要求、配色原则和属性定义应满足标准文件等的要求，主要工程量是从三维设计模型中提取，完成建模的设备、主要材料量等与设备材料清册的一致性，主要图纸是从三维设计模型中直接提取，三维模型与送审图纸保持一致，图纸满足《电力工程制图标准》（DL/T 5028）要求。

6 通 信

6.1 光缆路由

6.1.1 缺少进站光缆双路由设计

设计阶段： 初步设计、施工图设计。

问题描述： 进站光缆通过同一条电缆沟或者竖井进入主控楼通信机房，不满足进站光缆双路由设计，影响进站光缆的安全性，进而无法保证电力业务的可靠运行。

解决措施： 根据《国家电网有限公司十八项电网重大反事故措施（2018 年修订版）》中"16.3.1.4 县公司本部、县级及以上调度大楼、地（市）级及以上电网生产运行单位、220kV 及以上电压等级变电站、省级及以上调度管辖范围内的发电厂（含重要新能源厂站）、通信枢纽站应具备两条及以上完全独立的光缆敷设沟道（竖井）。同一方向的多条光缆或同一传输系统不同方向的多条光缆应避免同路由敷设进入通信机房和主控室。"规定，220kV 及以上电压等级变电站、通信枢纽站进站光缆应满足双路由至通信机房和主控室，土建专业应配合提供电缆沟道及竖井的双路由条件。有条件的 110kV 及以下电压等级变电站可参照执行 [《输变电配套通信工程建设技术原则》（鲁电科信〔2016〕119 号）]。初设阶段应绘制进站光缆敷设路由示意图。

6.1.2 缺少进站 OPGW 光缆接地设计

设计阶段： 初步设计、施工图设计。

问题描述： 图纸或者说明中未描述进站 OPGW 光缆三点接地，不满足设计深度要求。

解决措施： 根据《输变电配套通信工程建设技术原则》（鲁电科信〔2016〕119 号）要求，"光缆接地：对于户外变电站，进站 OPGW 光缆引下采用接续盒方式时，应在架构顶端、最下端固定点（余缆前）和光缆末端分别通过专用接地线与架构进行可靠的电气连接；应在架构顶端和穿入钢管之前分别通过专用接地线与架构进行可靠的电气连接。对于户内变电站，OPGW 光缆在女儿墙内侧应通过专用接地线与墙上的环形接地扁铁可靠连接。OPGW 光缆应采用绝缘子固定线夹引下"，对于 OPGW 光缆进站引下接地，应在初步设计说明书中加以描述，并绘制相关图纸。

6.1.3 导引光缆敷设不满足要求

设计阶段： 初步设计、施工图设计。

问题描述： 导引光缆在站内电缆沟内敷设时，未穿耐火槽盒且在最上层。

解决措施： 根据《国网基建部关于发布 35～750kV 变电站通用设计通信、消防部分修订成果的通知》（基建技术〔2019〕51 号）要求，"6kV 及以上动力电缆不宜与低压电缆共沟敷设。各类电缆同侧敷设时，动力电缆应在最上层，控制电缆在中间层，两者之间采用防火隔板隔离；通信电缆及光纤等敷设在最下层并放置在耐火槽盒内"，导引光缆进站后，应敷设在电缆沟内最下层支架，并且放置在耐火槽盒内。

6.1.4 光缆接续较复杂时，缺少纤芯分配详图

设计阶段： 初步设计、施工图设计。

问题描述： 多根光缆接续或一根光缆接续多次，接续情况较复杂时，缺少纤芯分配详图。

解决措施： 多根光缆接续或一根光缆接续多次，接续情况较复杂时，初步设计及施工图设计阶段，应在光缆网络拓扑图中绘制接续点纤芯分配详图，或单独绘制纤芯分配详图。施工图阶段还应根据光缆中标厂家提供的光纤色谱绘制光纤色谱图，标注新建设的各类光缆光纤色谱、接续方式、接续位置、光纤使用情况、光路容量、光路起止光口等信息。

6.2 传输设备

6.2.1 缺少光传输质量计算

设计阶段： 初步设计。

问题描述： 确定板卡型号时，缺少相应光传输质量计算，仅凭经验选取板卡，造成设计质量严重不足。

解决措施： 应根据《同步数字体系（SDH）光纤传输系统工程设计规范》（GB/T 51242—2017）中，关于光缆富裕度 Mc 计算公式，求出相应 Mc 的值，从而确定光缆富裕度不足或者过剩，进而配置相应的光衰或光放。

6.2.2 拟退役设备缺少《电网实物资产退役技术鉴定报告》

设计阶段： 初步设计。

问题描述：拟退役设备缺少《电网实物资产退役技术鉴定报告》。

解决措施：根据《国网山东省电力公司关于规范工程项目电网实物资产退役管理的指导意见》（鲁电运检〔2017〕416号）要求，"项目前期阶段同步开展拟退役资产技术评估，强化项目可研阶段实物资产管理，严控资产退役及再利用审核，技术鉴定报告作为项目可研评审的必备资料"，初设评审阶段，应提供拟退役设备技术鉴定报告作为项目支撑文件。

6.3　业务承载

6.3.1　开断原有光缆或更换原有设备，业务过渡方案缺失

设计阶段：初步设计。

问题描述：开断原有光缆或更换原有设备，缺少对原有光缆或原有设备承载业务的现状描述，缺少原有业务是否需要调整或临时过渡的方案描述，导致通信方案的系统合理性支撑力度不足。

解决措施：根据《国家电网公司输变电工程初步设计内容深度规定　第4部分：电力系统光纤通信（QGDW 166.4—2010）》的要求："4.3.1.2 传输网方案：必要时，应考虑工程实施阶段传输电路的过渡方案"。初步设计阶段，涉及开断原有光缆或更换原有设备，应在"2.2 通信网络现状"章节，对原有光缆或原有设备承载的业务进行现状描述，需要对原有业务进行调整或临时过渡的，应在"3.1.2 传输网方案"章节进行方案描述，当临时方案较复杂时，应在说明书中增加独立章节或增加附件进行详细描述，

必要时增加相关图纸。

6.3.2 线路保护通道通过 ADSS 光缆承载

设计阶段： 初步设计。

问题描述： 线路保护通道组织，线路保护通道通过 ADSS 光缆承载，而 ADSS 光缆易受电腐蚀影响，容易导致线路保护业务中断。

解决措施： 根据《输变电配套通信工程建设技术原则》（鲁电科信〔2016〕119 号）"线路保护业务由各级 SDH 光通信设备及通信光缆承载，ADSS 光缆不应承载线路保护和安控业务。有光纤纵联差动保护业务需求的线路，应具备直达光缆路由。因'T'接输电线路引起的三端纵联差动保护通道应分别采用点对点直达光芯承载"。要求 ADSS 光缆不应承载线路保护和安控业务，包括光纤直达及复用传输设备 2M 方式。

6.3.3 保护通道未按"双保护、三路由"配置

设计阶段： 初步设计。

问题描述： 220kV 及以上线路保护通道配置未按"双保护、三路由"配置，无法保证线路保护业务的安全可靠。

解决措施： 根据国家电网公司文件《国调中心、国网信通部关于印发国家电网有限公司线路保护通信通道配置原则指导意见的通知》（调继〔2019〕6 号）要求，"500 千伏及以上双通道线路保护所对应的四条通信通道应配置三条独立的通信路由（简称'双保护、三路由'），应采用'一二、一三'通信通道配置方式，即：

保护一双通道分别采用一、二通道路由，保护二双通道分别采用一、三通道路由，其中一通道应为光纤直达通道。"及"220（330）千伏双通道线路保护所对应的四条通信通道应至少配置两条独立的通信路由，通道条件具备时，宜配置三条独立的通信路由"，在组织500kV线路及具备条件的220kV线路保护通道时，应按照"双保护、三路由"进行配置。

6.3.4　缺少交换网设备线缆敷设路由

设计阶段：施工图设计。

问题描述：缺少调度交换网设备（IP 电话、交换机）、行政交换网设备（IAD、行政电话）线路敷设路由。

解决措施：根据《国家电网有限公司输变电工程施工图设计内容深度规定》要求，施工图设计阶段应绘制站内通信综合布线卷册图纸，包括综合布线系统图、站内通信埋管、电缆敷设、电话及信息端口布置图等。

6.4　通信电源

6.4.1　通信电源转换模块未按 $N+1$ 冗余配置

设计阶段：初步设计。

问题描述：一体化电源及高频开关电源，通信电源转化模块数量未按照 $N+1$ 冗余方式配置。

解决措施：根据《通信电源设备安装工程设计规范》（GB 51194—2016）及《通信专用电源技术要求、工程验收及运行维护规程》

（Q/GDW 11442—2015）要求"通信电源转化模块数量按 $N+1$（$N \geqslant 2$）原则配置（其中 N 只主用，当 N 小于或等于 10 时，应备用 1 只；当 N 大于 10 时，宜每 10 只备用 1 只）"。

根据《35～220kV 变电站通用设计修订技术原则（建设管理〔2019〕29 号）》要求：新建 220kV 变电站通信直流负载电流按 350A 配置，站内配置 2 套 DC/DC 装置，模块 $N+1$ 冗余，每套宜选用 8 个 50A 模块（7 只主用，1 只备用）。新建 110kV 变电站通信直流负载电流按 130A 配置，站内配置 2 套 DC/DC 装置，模块 $N+1$ 冗余，每套宜选用 6 个 30A 模块（5 只主用，1 只备用）。新建 35kV 变电站通信直流负载电流按 100A 配置,站内配置 2 套 DC/DC 装置，模块 $N+1$ 冗余，每套宜选用 5 个 30A 模块（4 只主用，1 只备用）。

6.4.2 通信交换网设备的电源接入方式不明确

设计阶段： 初步设计、施工图设计。

问题描述： 通信交换网设备，IAD、交换机、IP 电话等设备的电源未使用防浪涌插排。

解决措施： 通信交换网设备，IAD、交换机、IP 电话等设备的电源应使用防浪涌插排，保证通信设备电源接入的安全性。

6.5 设计深度

6.5.1 设计方案与通信现状不匹配,导致工程通信方案变化、投资增加

设计阶段： 初步设计。

问题描述： 设计内容深度不足，设计方案与通信现状不匹配，导致通信方案变化、投资增加。

解决措施： 根据《国家电网公司输变电工程初步设计内容深度规定 第 4 部分：电力系统光纤通信》（Q/GDW 166.4—2010）要求，设计说明书"2.2 通信网络现状"章节应"说明与本工程建设方案相关的通信网络现状，包括与本工程相关的规划建设、网络现状、通信站点设备和设施现状、存在的问题等"，设计图纸应包含：相关区域电网地理接线图（现状、本期、远期）、光缆网络路由图（现状、本期）、光传输系统图（现状、本期），应加强设计收资的深度与质量，加强设计、建管、运维多方协同配合，设计方案应与通信现状相匹配。